高等院校"十三五"应用型艺术设计教育系列规划教材

小型建筑设计

主　编　蔡文明　刘　雪

副主编　张　超　牟宗莉　闻　婧

参　编　张　浩　张大鹏　刘　曼

U0246923

合肥工业大学出版社

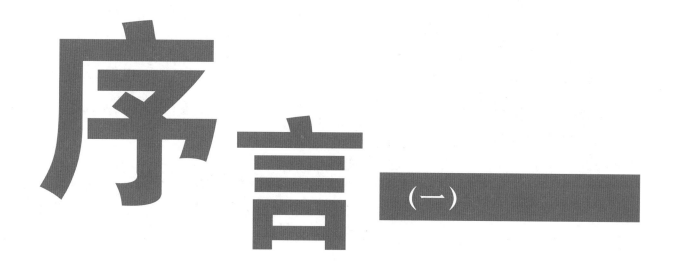

序言（一）

《小型建筑设计》，作为高等院校设计学"十三五"规划教程，将由合肥工业大学出版社出版，以序致贺。

蔡文明系武汉大学的博士生，对学术科研有饱满的热情，作为高校教师的他有着多年的景观建筑设计、园林建筑设计、酒店空间布局设计的教学实践和丰富的知识经验积累。作者重视理论与实践相结合，能以务实和努力的品格为表率，方成就并完善了这本书。

建筑设计是一门综合的科学，是一种创造性的思维劳动，创造供人们生活、工作、娱乐的空间环境。中国古典建筑是中国传统文化的重要组成部分，传统的建筑从一个侧面反映了儒道思想的特征。中国古典建筑追求自然美的境界，强调建筑与自然的有机结合，中国古典建筑也体现了风水思想。

本书除了介绍了小型建筑设计的基础知识外，还编写了小型建筑设计的表现方法，重点章节编写了前沿的建筑设计理论及经典案例的分析，特别编写了普利兹克奖获得者的案例赏析：王澍、贝聿铭、安藤忠雄、扎哈·哈迪德等大师作品的赏析。

书稿中有很多完整的实际案例分析，通过大量的案例、图片全面有效地分析了小型建筑的核心内容。愿读者能从此书中受益，得到锻炼，掌握景观设计的基本方法、知识。

武汉大学教授、博导

武汉大学景园规划设计研究院院长

张薇

2017年3月

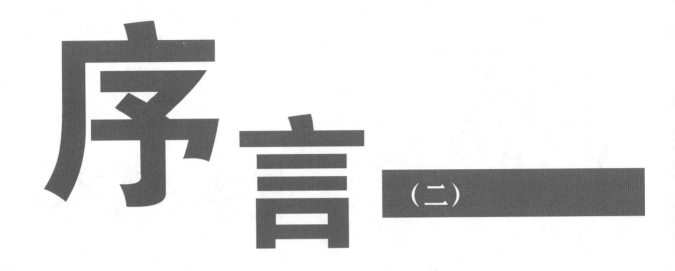

序言 （二）

建筑学是一门浩瀚的学问，包含了广泛的理论和精微的实践。

在学习的阶段，建筑学专业的学生必须要接受各种严苛的训练，培养敏锐的觉察力及解决问题的能力，未来才得以成就完善的作品，为人们带来幸福。本书尝试从小型建筑的小体量结构，着眼于其材料、功能及美学构成的单纯性，成为循序渐进的引导教材，让学习者能够得到专注的思维，探究建筑的本质，营造安居的环境。

作者蔡文明从事建筑与景观园林教学及实务多年，并长时间投注到空间的禅学研究。建筑实践的发想过程中，必须深入建筑元素、建筑美学及使用行为议题，这些基本的功夫要透过环境与使用者的调研，而调研的过程，能否掌握重要的影响因子，有赖于"明心见性"的修持，借由社会与环境现象的观察和思考，让设计学习者逐渐贴近空间存在的核心议题，产生最佳的接应。本书在建筑设计的理论说明与案例解析中，处处可见禅机，将有效地协助学习者证成建筑空间的本来面目。

鉴往知来，也是建筑学习者必需的功课，书中详细记录了古今中外各个历史文明的建筑成就，从古希腊罗马的柱式游廊到古中国的宫室寺观，从文艺复兴的社会运动到后现代的省思批判，这些建筑差异的解析，让我们理解时间长河中，人类面对的处境移转和思考螺旋，地理区位提供了空间元素的个别性，而时间向度则成就了人们对应自身存在的体用一如。

　　学习者在认知建筑营建的抽象与具象元素之后，掌握了知识论述，还得根据这些理解来完成实务的创作。本书也精心安排了建筑施工过程所需要的团队沟通联结与意念转换的书图技术，包括建筑表现法的透视图、模型制作、电脑软件运用，以及预算书、施工大样、平立剖面、监造、验收的流程，这些后端的设计书图与工程技术，更能协助整体空间实践过程的周全。

　　作者借由本书的出版，成功地系统化了建筑学的浩瀚精微，让学习者从中得到领悟而有所遵循，也让已经是建筑从业者、建筑教学者或是建筑评论者从中咀嚼、玩味建筑学问的空、有、顿、渐，而能摄心不乱。

蔡建福

2017年3月写于花莲东华大学环境学院

前言

　　建筑设计是指为满足一定的建造目的而进行的设计，按照建设任务，把施工过程和使用过程中所存在的相关问题，事先做好全面的构思设想，拟定好解决这些问题的办法、方案，用图纸和文件表达出来，建造相对稳定的人为空间。（即满足人们的社会生活需要，利用相关物质材料的技术，运用一定的科学规律、风水理念和美学法则创造的人工环境）。

　　小型建筑一般特指体量较小的建筑（包括小型的建筑物和构筑物）。其中，小型的建筑物主要指别墅、住宅单体等小体量的建筑物；小型的构筑物主要指现代园林空间构筑物，有时也指雕塑空间等。本书作者在多年的景观建筑设计、园林建筑设计、酒店空间布局设计的教学实践中，有着丰富的知识与经验积累，想为环境设计、建筑学、城乡规划学、风景园林学等专业学生提供系统学习范本，起到一个"抛砖引玉"的作用。

　　本书从建筑概述的基础知识到建筑的造型特征，引用了建筑界前辈们的观点；考虑到本书为应用型书籍的特点，在小型建筑的类别和小型建筑设计方法上主要采用了当前流行的特征、方法；在表现技法上突出多样性、丰富性，同时把建筑行为艺术也纳入其中。本书的重点是国内外小型建筑案例解析和普利兹克奖获得者的案例赏析，分析了国内外设计者的设计创意、思路方法。如：坐落在云南的杨丽萍艺术酒店——双廊客栈和新加坡的

"超级树"等。精心筛选了当前具有代表性及前卫思想的普利兹克奖获得者的案例，如王澍、贝聿铭、安藤忠雄、扎哈·哈迪德的作品。整本书突出应用性、前卫性、实用性，图文并茂、深入浅出。

参与本书撰写的作者还有中南财经政法大学张大鹏，湖北经济学院张浩，武汉大学张超、牟宗莉、刘曼，安徽工程大学闻婧，在此一并谢谢大家。由于时间仓促，能力有限，书中难免有所缺陷，还望读者批评指正。

最后非常感谢所有帮助和关心过我的人！武汉大学张薇教授，湖北经济学院王远坤教授，中国台湾国立东华大学蔡建福教授，大信博文的夏荣鹏总经理、廖丽娟编辑、赵开鑫编辑，合肥工业大学出版社石金桃编辑，感谢你们的指导帮助，在此表示诚挚的谢意！

蔡文明

2017年3月写于珞珈山

绪 论

本课程的性质和任务

本课程性质：专业基础核心课程。

本课程任务：掌握建筑设计的基础知识；建筑造型及建筑形态的构成；小型建筑的相关概念；小型建筑的设计方法和表现手法，尤其是小型建筑的行为体验；国内外相关小型建筑案例解析；普利兹克奖获得者的案例赏析：王澍的苏州大学文正学院图书馆、三合宅、金华瓷屋、宁波五散房；贝聿铭的卢浮宫玻璃金字塔、美秀美术馆、澳门科学中心、苏州博物馆；安藤忠雄的住吉的长屋、风之教堂、城户崎邸、富岛邸；扎哈·哈迪德的奥地利因斯布鲁克的滑雪台、德国的维特拉（Vitra）消防站、法国斯特拉斯堡的电车站、北京银河SOHO。

本课程的内容和要求

本课程内容包括：建筑的概念；建筑的基本知识；建筑形态构成；建筑造型设计；小型建筑的类别；小型建筑设计方法；小型建筑设计表现手法；小型建筑案例解析；部分普利兹克奖获得者的案例赏析。

学习本课程要求：独立完成小型建筑设计方案。

本课程的学习方法

学习本课程方法：理论联系实践。

第1章　建筑概述

(学习目标)

学习建筑的基本概念，了解建筑的概念定义和小型建筑的概念定义；知道建筑的基本构成要素；熟悉中国古典建筑基本知识、外国古典建筑基本知识；熟悉现代建筑的特征，可以灵活应用到小型建筑设计中。

(重　难　点)

重点：掌握小型建筑的概念；建筑的基本构成要素；中国古典建筑基本知识；外国古典建筑基本知识。

难点：现代建筑的特征及设计方法。

(训练要求)

要求学生了解中国古典建筑基本知识；知道外国古典建筑基本知识；能够辨别现代建筑的特征及设计方法。

1.1　建筑的概念

1.1.1　建筑定义

建筑是建筑物的总称，凡是供人们在其内进行生产、生活等活动的房屋（或场域场所）都称为建筑物，如住宅、学校等；只为满足某一特定的功能建造的，一般不直接在其内进行活动的场所则称为构筑物，如水塔、烟囱等。

建筑设计是指为满足一定的建造目的而进行的设计，按照建设任务，把施工过程和使用过程中所存在的相关问题，事先做好全面的构思设想，拟定好解决这些问题的办法、方案，用图纸和文件表达出来，建造相对稳定的人为空间（即满足人们的社会生活需要，利用相关物质材料的技术，运用一定的科学规律、风水理念和美学法则创造的人工环境）。

在广义上，它包括了形成建筑物的各相关设计。

例如：按设计深度分为建筑方案设计、建筑初步设计、建筑施工图设计；按设计内容分为建筑造型设计、建筑结构设计、建筑物理设计（建筑声学、建筑光学、建筑热学设计）、建筑设备设计（给排水、供暖、通风、空调、电气设计）等。

在狭义上是专指建筑概念方案设计、初步设计和施工图设计。

1.1.2　建筑的基本构成要素

构成建筑的基本要素是建筑功能、建筑技术、建筑象征和建筑材料四大要素。构成建筑的四要素彼此之间是辩证统一的关系。建筑功能是指建筑物在物质和精神两方面必须满足的使用要求；建筑技术是指建筑材料技术、结构技术、施工技术；建筑象征是功能与技术的综合反映；建筑材料是指在建筑物中使用的材料统称。

建筑功能，是指建筑在物质和精神两方面的具体使用要求，也是人们建造房屋的目的。不同的功能要求产生了不同的建筑类型。随着社会的不断发展和物质文化生活水平的提高，建筑功能将日益复杂化、多样化。

建筑技术，主要指建筑的物质技术，是实现建筑功能的物质基础和技术手段。物质基础包括建筑材料与制品、建筑设备和施工机具等；技术条件包括建筑设计理论、工程计算理论、建筑施工技术和管理理论等。其中建筑材料和结构是构成建筑空间环境的骨架，建筑设备是保证建筑达到某种要求的技术条件。而建筑施工技术则是实现建筑生产的过程和方法。由于现代各种新材料、新结构、新设备的不断出现，使得高层建筑、薄壳、悬索等大跨度结构的建筑功能和建筑形象得以实现。

建筑形象，是指建筑体型、立面式样、建筑色彩、材料质感、细部装饰等的综合反映。好的建筑形象具有一定的感染力，给人以精神上的满足和享受。建筑形象并不单纯是一个美观的问题，它还应该反映时代的生产力水平、文化生活水平和社会精神面貌，以及民族特点和地方特征等。

上述三个基本构成要素，建筑功能是主导因素，它对物质技术条件和建筑形象起决定作用；物质技术条件是实现建筑功能的手段，它对建筑功能起制约或促进的作用；建筑形象则是建筑功能、技术和艺术内容的综合表现，在优秀的建筑作品中，这三者是辩证统一的。

1.1.3　小型建筑概念

小型建筑一般特指体量较小的建筑（包括小型的建筑物和构筑物）。其中，小型的建筑物主要指别墅、住宅单体等小体量的建筑物；小型的构筑物主要指现代园林空间构筑物，有时也指雕塑空间等。

"微建筑"是小型建筑的特例，主要伴随着现代园林建筑空间的产生而产生。在园博会中的"微建筑"处处皆是，例如：武汉园博园中，很多小型建筑（多数为构筑物）伴随着园林景观的存在而存在。其中，在大师园中，杰奎琳·奥斯蒂的《雾中芭蕾》强调的是感觉空间和交流空间，与环境一起呼吸、跳跃、寻觅、思索；王受之的"缺园"，使用了中式江南庭园和英式迷宫型布局，通过树篱、灌木、花槽土箱对整个园进行分隔、围合，然后在园中部分位置设置镜子，加强园区趣味；亨利·巴瓦的"深入

'花园'"一方面结合中国传统的诗歌、书画、山水艺术，一方面运用西方规则的几何式和轴线式的造园语言，汇集成生态文明建设的一分子，整个园是"赋山水于几何，入生态于净土"；詹姆斯·科纳的"月之园"演绎了空间和时间的变换之旅，游人通过"月之通道"的错位穿行和内外空间交替，创造藏与寻、试与错的趣味游戏，这种特殊的、惊喜的、愉悦的、融入的游园经验使每一个游客都能感悟到在自然和时间中蕴涵的理性与感性的交融。

1.2　建筑的基本知识

1.2.1　中国古典建筑基本知识

1. 中国古典建筑中的传统文化

中国古典建筑是中国传统文化的重要组成部分，传统的建筑从一个侧面反映了儒道思想的特征。不仅仅限于造型和色彩上的特征，同时也受到传统文化浸染、渗透、传承、发展。

中国的古典建筑从居民的庭院到帝王的宫殿，从院落的经营到城市的布局，都以严谨的布局格局及秩序来反映社会生活中人与人的关系，即儒家文化中强调的"秩序"序列感。

中国古典建筑追求自然美的境界，强调建筑与自然的有机结合，人与自然的统一，最典型的建筑是文人园林建筑，是以人工营造出自然界的万种风情，犹如田园山野，隔绝尘嚣，别有天地。

中国古典建筑体现了风水思想。在古典建筑环境中有一套完整的格局，如山水环抱，形成封闭式的环境。风水观念对于中国古建筑的影响是巨大的，它影响了建筑群体和单体的轴线、大门、朝向等方面。"风水"来源于晋朝郭璞所著的《葬书》："葬者乘生气也，经日，气乘风则散，略水则止，故谓之风水。"中国古典建筑中风水又称作堪舆。

2．中国古典建筑的基本特征

中国古典建筑的基本特征是：院落式布局；木构架体系——"墙倒屋不塌"；有规划的城市；山水式园林等。

院落式布局：中国的宫殿、庙宇、传统的住宅等都属于院落式布局。中国古典建筑体现了中国儒家文化中的基本精神（即人本主义或人文精神）。这种思想体现出严密等级制度的社会文化，侧重于人与社会、人与人的关系以及人自身的修养问题。另外，院落式平房比单栋的高层木楼阁在防救火灾方面大为有利。

木构架体系——"墙倒屋不塌"：中国古典建筑中的木构架的主要类型有抬梁式和穿斗式两种，其特征是：（1）重视台基，为防止木柱根部受潮，抬高基座。随着时代的发展，台基的高低与形式成为显示建筑物等级的标志。如王府的台基高度有规定，太和殿用三层须弥座汉白玉台基等；（2）屋身灵活，可亭、可仓、可室、可厅；（3）屋顶呈曲线或曲面；（4）重要建筑使用斗拱，斗拱原为起承重作用的构件，随着结构功能的变化，斗拱成为建筑物等级的标志；（5）装饰构造而不去构造装饰。

有规划的城市：在中国历史上，大多数朝代的都城都比附于《周礼·考工记》的王城之制，大多数都是外形方正、街道平直，按一定规划建造的。

山水式园林：中国园林强调"虽由人作，宛自天开"的意境之美。采用自由布局，因借自然，模仿自然，与中国的山水画、山水诗文有共同的意境。

３．中国古典建筑中的传统结构

中国古典建筑的传统结构形式分为：木构架建筑体系；土建筑体系（如窑洞式建筑——土墙平顶、土坯拱顶式建筑）；石构建筑体系（如碉楼式建筑）；毡包式建筑体系（如蒙古包）等。

其中，在各种传统结构形式中木构架建筑体系最为著称，木构架建筑体系中有各种构造，分别为穿斗式、抬梁式、井干式。

穿斗式木构建筑：在汉时已经成熟，是沿进深方向布柱，柱比较密，而柱径略小，不用梁，用"穿"贯于柱间，上可立短柱等。

抬梁式木构建筑：春秋时完成，是沿进深方向布置石础，础上立柱，柱上架梁，梁上立瓜柱，短梁，最上是脊瓜柱，构成一屋架；在屋架之间用横向的枋联系柱顶，梁头与瓜柱顶做横向的檩，檩上承受椽子和屋面，使屋架完全连成一个整体。

井干式木构建筑：汉代以前多用，商墓中用得较多。

４．中国古典建筑中的建筑类别

中国古典建筑中的建筑类别主要有四种风格，分别为纪念型、宫室型、住宅型、园林风格。(1) 纪念型，主要是礼制祭祀建筑、陵墓建筑、宗教建筑，如南京中山陵墓、天坛以及佛教建筑中的金刚宝座、戒坛等；(2) 宫室型，主要是宫殿、府邸、衙署和一般佛道寺观中，如北京故宫、恭王府等；(3) 住宅型，主要是会馆、商店等；(4) 园林风格，主要是私家园林、皇家园林、寺观园林等。

中国古代建筑风格除了以上4种大的主流风格，还有地方民族特色风格，可以分为8类。(1) 北方风格：总的风格是开朗大度。组群方整规则，建筑造型起伏不大，屋顶曲线平缓，多用砖瓦，木结构用料较大，装修比较简单，主要集中在淮河以北至黑龙江以南的广大平原地区。(2) 西北风格：总的风格是质朴敦厚。院落的封闭性很强，屋身低矮，很少使用砖瓦，多用土坯或夯土墙，集中在黄河以西至甘肃、宁夏的黄土高原地区。(3) 江南风格：总的风格是秀丽灵巧。庭院比较狭窄，屋顶坡度陡峻，翼角高翘，装修精致富丽，雕刻彩绘很多，集中在长江中下游的河网地区。(4) 岭南风格：总的风格是轻盈细腻。建筑平面比较规整，庭院很小，房屋高大，门窗狭窄，多有封火山墙，屋顶坡度陡峻，翼角起翘更大，集中在珠江流域山岳丘陵地区。(5) 西南风格：总的风格是自由灵活。多利用山坡建房，为下层架空的干栏式中国古代建筑。平面和外形相当自由，很少成组群出现，集中在西南山区，有相当一部分是壮、傣、瑶、苗等民族聚居的地区。(6) 藏族风格：总的风格是坚实厚重。牧民多居褐色长方形帐篷，村落居民住碉房，多为2~3层小天井式木结构建筑，外面包砌石墙，墙壁收分很大，上面为平屋顶。寺庙很多，都建在高地上，体量高大，色彩强烈，同样使用厚墙、平顶，重点部位突出少量坡顶，集中在西藏、青海、甘南、川北等藏族聚居的广大草原山区。(7) 蒙古族风格：总的风格是厚重又华丽。牧民居住圆形毡包（蒙古包），贵族的大毡包直径可达10余米，内有立柱，装饰华丽，集中在蒙古族聚居的草原地区建筑风格。(8) 维吾尔族风格：总的风格是外部朴素单调，内部灵活精致。建筑全用平屋顶，内部庭院尺度亲切，平面布局自由，并有绿化点缀。房间前有宽敞的外廊，室内外有细致的彩色木雕和石膏花饰，集中在新疆维吾尔族居住区。

1.2.2　外国古典建筑基本知识

外国古典建筑基本知识重点介绍10世纪到19世纪这段时期的建筑史。

1. 古代埃及、两河流域和伊朗高原的建筑

在尼罗河两岸产生了人类第一批用巨大石材建造的纪念性建筑，它们具有震慑人心的艺术力量。古埃及文明起源于尼罗河流域，两河流域指的是幼发拉底河和底格里斯河，古印度文明起源于恒河流域，而欧洲古典文明起源于海岛。

两河流域与古埃及的发展时间基本一致。两河流域的宗教基本上是信奉原始的拜物教，世俗建筑占主导地位。两河下游的高台建筑、波斯的宫殿，特别是壮丽的新巴比伦城是代表性成就。

2. 欧洲"古典时代"的建筑（爱琴文化、古希腊、古罗马）

（1）爱琴文化

爱琴文化是指发生在爱琴海内的岛屿及其周边沿岸地区的文化现象，是先于古希腊文化的一种文化形态。爱琴文化深刻影响着希腊文化，被称为希腊的早期文化，是希腊文化的发祥地，它与古埃及文化相互影响和继承。

克里特岛位于爱琴海，公元前2500年左右开始向奴隶制过渡。克里特文化直接受埃及和西亚先进文化的影响，并有所创新。克里特文化伴随着米诺王国势力的不断扩张而波及至希腊本土，并对希腊本土的文化发展起到了促进作用。

（2）古希腊

古代希腊是欧洲文化的摇篮，古代的希腊建筑开拓了欧洲建筑的先河。

庙宇：公共性纪念建筑，建在海湾岗阜之上、山林水泽之滨；圣地：民间举行崇拜守护神仪式和各种庆典活动的场所。

古代希腊柱式的三种形式：多立克柱式——比例粗壮、刚劲雄健、浑厚有力；爱奥尼柱式——比例修长、精巧清秀、柔美典雅；科林斯柱式——比例细长、纤巧精致、高贵华丽。

（3）古罗马

古罗马直接继承了希腊晚期的建筑成就，并把它极大的发展和创造，大大推动了其前进的步伐。

古罗马建筑规模大，质量高，分布广，建筑类型丰富，形制成熟，艺术形式完善，设计手法多样，结构水平高，达到了奴隶制社会建筑的最高峰。古罗马的建筑对欧洲乃至全世界以后几千年的建筑产生了巨大而深远的影响。

3. 欧洲中世纪的建筑（拜占庭、罗曼式、哥特式）

（1）拜占庭

拜占庭建筑在综合了东西方建筑特点的基础上，形成了具有独特风格的拜占廷建筑。结构上创造了通过帆拱或抹角拱作为过渡，将穹隆顶建造在方形平面上的结构方法。

在建造技术上采用小料厚缝的砌筑方法，使拱、券、穹隆的形式灵活多样。教堂设计从平面上分为巴西利卡式、集中式（圆形或多边形平面，中央有穹顶）和十字式（十字形平面，中央有穹隆，有时四翼也有穹隆）三种。建筑装饰多采用彩色云石或琉璃砖镶嵌画和彩色面砖饰面。

（2）罗曼式

设计施工较古罗马粗糙，但建筑材料大都来自古罗马废墟上拆除的旧料；建筑在技术上继承了古罗马的半圆形拱券结构；建筑形式上略有古罗马的建筑风格；教堂建筑的平面多采用巴西利卡式，创造了扶壁、肋架拱和束柱，对后来的哥特建筑有很大影响。

（3）哥特式

歌特时期的主要建筑类型为教堂和城堡，反映城市经济特点的城市广场、市政厅、手工业行会、商人公会以及市民住宅也有很大发展。在教堂建筑中大量采用尖券、束柱、肋骨拱顶、飞扶壁等结构构件。教堂建筑的外部造型和内部空间均强调尖形和垂直感，由尖顶、尖饰、尖塔、尖券、束柱、飞扶壁、雕花窗棂和彩色玻璃窗等共同组成了哥特建筑的造型特征。

通往大厅和殿堂的大门呈拱形，被视为"通向天堂之门"，这些庄严的大厦被视为"上帝的住所"或者"上帝之城"。

4. 意大利文艺复兴早期建筑

意大利文艺复兴早期建筑是在15世纪，以佛罗伦萨为中心，建筑活泼、亲切，以反抗哥特风格为主，如佛罗伦萨大教堂穹顶、佛罗伦萨育婴院、佛罗伦萨巴齐礼拜堂、佛罗伦萨美第奇府邸等。

5. 巴洛克时期建筑

16世纪下半叶，意大利文艺复兴建筑中出现了巴洛克风格。它从文艺复兴演变而来，但却失去了人文主义的思想基础。巴洛克对古典的反思、对文艺复兴的反思具有深刻的历史意义。其主要特点是：追求新、奇、特，追求光影效果，追求富丽堂皇；利用透视产生的幻觉来扩大或缩小尺度与距离；采用波浪形曲面、曲线、断折的檐部与山花，疏密排列的柱子来增加建筑的起伏感和运动感；堆砌的装饰。

6. 古印度的建筑

古印度是四大文明古国之一，其建筑文化源远流长，而建筑架构则主要由宗教支配。由于印度在当时有许多不同的宗教，因此它有各种各样的建筑。

印度河和恒河流域是古代世界文明发达地区之一，是佛教、婆罗门教、耆那教的发祥地，后来又有伊斯兰教流行，留下了丰富多彩的建筑。

7. 日本古代建筑

日本古建筑有较强的中国特征。同时，日本建筑也非常重视和擅长于技术性表现。尺度小，设计得细致而朴素，精巧而素雅。日本建筑有四大转折期：第一个转折期是引进中国隋唐建筑的飞鸟时代，第二个转折期是引进南宋建筑的镰仓时代，第三个转折期是自身发展的桃山时代，第四个转折期是引进西方文明的明治时代。

1.2.3　外国现代建筑简介

1. 1851年英国伦敦世界博览会

工业大生产的发展，新材料、新技术的出现，1851年英国伦敦世界博览会"水晶宫"展览馆，开辟了建筑形式新纪元。1889年巴黎世界博览会的埃菲尔铁塔、机械馆，创造了当时世界最高（328m）和最大跨度（115m）的新纪录。

"水晶宫"虽然功能简单，但在建筑史上具有划时代的意义：（1）它所负担的功能是全新的：要求巨大的内部空间，最少的阻隔；（2）它要求快速建造，工期不到一年；（3）建筑造价大为结省；（4）在新材料和新技术的运用上达到了一个新高度；（5）实现了形式与结构、形式与功能的统一；（6）摈弃了古典主义的装饰风格，向人们预示了一种新的建筑美学质量，其特点就是轻、光、透、薄，开辟了建筑形式的新纪元。

2. 英国工艺美术运动

19世纪50年代在英国出现的小资产阶级浪漫主义思想的反映，以拉斯金和莫里斯为首的一些社会活动家的哲学观点在艺术上的表现。在建筑上主张建造"田园式"住宅，来摆脱古典建筑形式。例如：莫里斯的住宅"红屋"，用红砖建造，将功能材料与艺术造型结合的尝试。

3. 新艺术运动

19世纪80年代开始于比利时的布鲁塞尔，主张创造一种前所未有的，能适应工业时代精神的简化装饰，反对历史式样，目的是想解决建筑和工艺品的艺术风格问题。其建筑风格主要表现在室内，外形一般简洁。这种改革没能解决建筑形式与内容的关系，以及与新技术的结合问题，是在形式上反对传统形式。

4. 维也纳学派

以瓦格纳为首，认为新结构新材料必导致新形式的出现，反对使用历史式样。维也纳建筑师路斯认为，建筑"不是依靠装饰，而是以形式自身之美为美"，反对把建筑列入艺术范畴，主张建筑以适用为主，甚至认为"装饰是罪恶"，强调建筑物的比例。

5. 北欧对新建筑的探索

反对折中主义，提倡"净化"建筑，主张表现建筑造型的简洁明快及材料质感；荷兰的贝尔拉格代表作品为阿姆斯特丹证券交易所；芬兰的沙贝宁代表作品为赫尔辛基的火车站。

6. 美国芝加哥学派

其是美国现代建筑的奠基者。工程技术上创造了高层金属框架结构和箱形基础。建筑造型上趋向简洁，并创造独特风格。创始人是工程师詹尼。代表人物：沙利文，其提出"形式追随功能"的口号。代表作品：芝加哥百货公司大厦。其立面采用了"芝加哥窗"形式的网格式处理。

7. 德意志制造联盟

其是19世纪末20世纪初德国建筑领域里创新活动的重要力量。

彼得·贝伦斯以工业建筑为基地发挥符合功能与结构特征的建筑。德国通用电气公司透平机车间（柏林）成为现代建筑的雏形，里程碑式的建筑，由贝伦斯设计。

8. 构成派

其产生于俄国，他们把抽象的几何形体组成的空间作为艺术的内容。代表作品：塔特林设计的第三国际纪念碑，维斯宁兄弟的列宁格勒真理报馆方案。

9. 生态建筑

生态建筑也被称作绿色建筑、可持续建筑。生态建筑涉及的面很广，是多学科、多工种的交叉，是一门综合性的系统工程，它需要整个社会的重视与参与。它是将人类社会与自然界之间的平衡互动作为发展的基点，将人作为自然的一员来重新认识和界定自己及其人为环境在世界中的位置。

10. 后现代主义建筑

它是20世纪60年代以来，在美国和西欧出现的反对或修正现代主义建筑的思潮。

后现代主义并没有严格的定义，其中包括了各种不同的甚至是截然相反的观念、流派、风格特征，似乎是一个大杂烩，但它们都是西方工业文明发展到后工业时代的必然产物，都是在对现代主义的批判和反思中产生出来的。

第2章　建筑造型

学习建筑形态的构成，了解建筑形态的基本要素与特征；知道建筑形态的审美特征；掌握建筑造型设计的基本方法；熟悉建筑造型设计相关实践案例。

重 难 点

重点：掌握建筑形态的基本要素与特征；了解建筑形态的审美特征；掌握建筑造型设计的基本方法。

难点：建筑造型设计的基本方法。

训练要求

要求学生了解建筑形态的基本要素与特征及建筑形态的审美特征；熟练应用建筑造型设计。

2.1　建筑形态构成

2.1.1　建筑形态的基本要素与特征

建筑形态构成的基本要素主要分为点、线、面、体。

建筑形态构成是在基本建筑形态构成理论基础上探求建筑形态构成的特点和规律。

点：有一定形状和大小，如体与面上的点状物、顶点、线之交点、体棱之交点、制高点、区域之中心点等。点的不同组合排列方式产生不同的表情。点在构图中有积聚性、求心性、控制性、导向性等作用。

线：分实存线和虚存线。实存线有位置、方向和一定宽度，但以长度为主要特征；虚存线指由视觉—心理意识到的线，如两点之间的虚线及其所暗示的垂直于此虚线的中轴线，点列所组成的线及结构轴线等。线在构图中有表明面与体的轮廓，使形象清晰，对面进行分割，改变其比例、限制，划分有通透感的空间等作用。

面：分实存面和虚存面。实存面的特征是有一定厚度和形状，有规则几何图形和任意图形；虚存面是由视觉—心理意识到的面，如点的双向运动及线的重复所产生的面感。

体：也有实体和虚体之分。实体有长、宽、高三个量度。性质上分为线状体、面状体、块状体；形状上分为有规则的几何体和不规则的自由体，各产生不同的视觉感受，如方向感、重量感、虚实感等。

2.1.2　建筑形态的审美特征

建筑形态的审美可以追寻到表象及内在的规律。

（1）整体形象：对建筑形态审美感性的认识首先是整体感性的认知，对其产生不同的联想。建筑整体形象审美是通过诸如远近、粗细、明暗等元素表现出来的。

（2）具体特征：生成性——一是指审美形态的历史生成，二是指审美形态的个体相对性生成；贯通性——是指民族文化，尤其是植根于其文化土壤中的哲学思想对审美形态的统摄性；兼容性——是指审美形态是多种审美因素构成的有机体的感性凝聚；二重性——主要指的是民族性与世界性的统一。

2.2　建筑造型设计

2.2.1　建筑造型设计的基本方法

伴随着人类社会科学和物质经济的高度发展，人们对于文化、艺术、审美的观念与认识面临着巨大的冲击与困惑。人与社会、人与自然、人与人、人与自我之间的关系产生了尖锐的冲突与脱节，作为人类整体文化一部分的建筑，亦面临着同样的挑战。那种源于数千年前古希腊、古罗马的建筑文明，在经历了21世纪现代主义运动与对于现代主义运动之反思两次深刻、剧烈的冲击之后，无论其演化、发展的速度还是其方式均已发生了显著的变化，这标志着一个新的建筑发展格局的到来。这意味着人们对于生活含义的理解，进而对周围环境的要求，以及人在社会中的价值、人的自身发展已发生了深刻的实质性的变化，因而在建筑形态上体现出以下几方面的特点：

（1）科学技术的进步产生了新的建筑造型元素。拓扑学、双曲几何等新兴的非欧几里得几何学为建筑师提供了新的构形元素及新元素之间的转换关系，同时产业革命带来许多性能优异的新型建筑材料，这些无疑正是当今蓝天组、库柏联盟、汤姆·梅恩等一些著名先锋建筑师能成功创作出形态奇异新颖的建筑作品的有力保障与基础。

（2）强调形态上的稳定、均衡感转而向创造一种流动的、有活力的动态稳定发展，这往往表现在大量的曲线、曲面和一些相互冲突的元素被引入建筑之中。

（3）在形态组成上，当今建筑正逐渐放弃传统的古典建筑，或是现代主义建筑那种强调形态元素的整体感，严谨的轴线对位与严格的秩序排列的理性手法，转而追求离散的、并列的多元化的表现形式。

以下从整体造型设计手法和细部造型设计手法两个层面对建筑造型设计的手法进行说明。

（1）整体造型设计方法

形式美法则是人类在创造美的形式、美的过程中对美的形式规律的经验总结和抽象概括。其主要包括：对称均衡、单纯齐一、调和对比、比例、节奏韵律和多样统一。研究、探索形式美的法则，能够培养人们对形式美的敏感，指导人们更好地去创造美的事物。掌握形式美的法则，能够使人们更自觉地运用形式美的法则表现美的内容，达到美的形式与美的内容高度统一。

构成形式美的感性质料组合规律，也即形式美的法则主要有齐一与参差、对称与平衡、比例与尺度、黄金分割律、主从与重点、过渡与照应、稳定与轻巧、节奏与韵律、渗透与层次、质感与肌理、调和与对比、多样与统一等。这些规律是人类在创造美的活动中不断地熟悉和掌握各种感性质料因素的特性，并对形式因素之间的联系进行抽象、概括而总结出来的。

探讨形式美法则，是所有设计学科共通的课题。在日常生活中，美是每一个人追求的精神享受。当接触任何一件有存在价值的事物时，它必定具备合乎逻辑的内容和形式。在现实生活中，由于人们所处经济地位、文化素质、思想习俗、生活理想、价值观念等不同而具有不同的审美观念。然而单从形式条件来评价某一事物或某一视觉形象时，对于美或丑的感觉在大多数人中间存在着一种基本相通的共识。这种共识是从人们长期生产、生活实践中积累的，它的依据就是客观存在的美的形式法则，称之为形式美法则。在人们的视觉经验中，高大的杉树、耸立的高楼大厦、巍峨的山峦尖峰等，它们的结构轮廓都是高耸的垂直线，因而垂直线在视觉形式上给人以上升、高大、威严等感受；而水平线则使人联系到地平线、一望无际的平原、风平浪静的大海等，因而产生开阔、徐缓、平静等感受……这些源于生活积累的共识，使人们逐渐发现了形式美的基本法则。在西方自古希腊时代就有一些学者与艺术家提出了美的形式法则的理论，时至今日，形式美法则已经成为现代设计的理论基础知识。在设计构图的实践上，更具有它的重要性。形式美法则主要有以下几条。

和谐：宇宙万物，尽管形态千变万化，但它们各自都按照一定的规律而存在，大到日月运行、星球活动，小到原子结构的组成和运动，都有各自的规律。爱因斯坦指出：宇宙本身就是和谐的。和谐的广义解释是：判断两种以上的要素，或部分与部分的相互关系时，各部分所给人们的感受和意识是一种整体协调的关系。和谐的狭义解释是统一与对比两者之间不是乏味单调或杂乱无章。单独的一种颜色、单独的一根线条无所谓和谐，几种要素具有基本的共通性和融合性才称为和谐，比如一组协调的色块，一些排列有序的近似图形等。和谐的组合也保持部分的差异性，但当差异性表现为强烈和显著时，和谐的格局就向对比的格局转化，和谐是建筑设计审美中必须要有的因素。

对比与统一：对比又称对照，把反差很大的两个视觉要素成功地配列于一起，虽然使人感受到鲜明强烈的感触而仍具有统一感的现象称为对比，它能使主题更加鲜明，视觉效果更加活跃。对比关系主要通过视觉形象色调的明暗、冷暖，色彩的饱和与不饱和，色相的迥异，形状的大小、粗细、长短、曲直、高矮、凹凸、宽窄、厚薄，方向的垂直、水平、倾斜，数量的多少，排列的疏密，位置的上下、左右、高低、远近，形态的虚实、黑白、轻重、动静、隐现、软硬、干湿等多方面的对立因素来达到的。它体现了哲学上矛盾统一的世界观。对比法则广泛应用在现代建筑设计当中，具有很大的实用效果。

对称：自然界中到处可见对称的形式，如鸟类的羽翼、花木的叶子等。所以，对称的形态在视觉上有自然、安定、均匀、协调、整齐、典雅、庄重、完美的朴素美感，符合人们的视觉习惯。平面构图中的对称可分为点对称和轴对称。假定在某一图形的中央设一条直线，将图形划分为相等的两部分，如果两部分的形状完全相等，这个图形就是轴对称的图形，这条直线称为对称轴。假定针对某一图形，存在一个中心点，以此点为中心通过旋转得到相同的图形，即称为点对称。点对称又有向心的"求心对称"、离心的"发射对称"、旋转式的"旋转对称"、逆向组合的"逆对称"，以及自圆心逐层扩大的"同心圆对称"等。在平面构图中运用对称法则要避免由于过分的绝对对称而产生单调、呆板的感觉，有的时候，在整体对称的格局中加入一些不对称的因素，反而能增加构图版面的生动性和美感，避免了单调和呆板。在建筑设计中，一般为了塑造庄重的形式，会采用对称的设计手法。

衡器：在衡器上两端承受的重量由一个支点支持，当双方获得力学上的平衡状态时，称为平衡。在平面构成设计上的平衡并非实际重量×力矩的均等关系，而是根据形象的大小、轻重、色彩及其他视觉要素的分布作用于视觉判断的平衡。平面构图上通常以视觉中心（视觉冲击最强的地方的中点）为支点，各构成要素以此支点保持视觉意义上的力度平衡。在实际生活中，平衡是动态的特征，如人体运动、鸟的飞翔、野兽的奔驰、风吹草动、流水激浪等都是平衡的形式，因而平衡的构成具有动态。造型新颖独特的建筑多会使用这样的手法，如小沙里宁设计的耶鲁大学的冰球馆、路易斯航站楼，都是典型的衡器设计手法的体现。

比例：是部分与部分或部分与全体之间的数量关系。它是精确详密的比率概念。人们在长期的生产实践和生活活动中一直运用着比例关系，并以人体自身的尺度为中心，根据自身活动的方便总结出各种尺度标准，体现于衣食住行的器用和工具的制造中。比如早在古希腊就已被发现的至今为止全世界公认的黄金分割比1∶1.618正是人眼的高宽视域之比。恰当的比例则有一种谐调的美感，成为形式美法则的重要内容。美的比例是平面构图中一切视觉单位的大小，以及各单位间编排组合的重要因素。

重心：在物理学上是指物体内部各部分所受重力的合力的作用点，一般物体求重心的常用方法是用线悬挂物体，平衡时，重心一定在悬挂线或悬挂线的延长线上；然后握悬挂线的另一点，平衡后，重心也必定在新悬挂线或新悬挂线的延长线上，前后两线的交点即物体的重心位置。在平面构图中，任何形体的重心位置都和视觉的安定有紧密的关系。人的视觉安定与造型的形式美的关系比较复杂，人的视线接触画面，视线常常迅速由左上角到左下角，再通过中心部分至右上角经右下角，然后回到以画面最吸引视线的中心视圈停留下来，这个中心点就是视觉的重心。但画面轮廓的变化、图形的聚散、色彩或明暗的分布等都可对视觉重心产生影响。因此，画面重心的处理是平面构图探讨的一个重要方面。一般建筑设计中的出入口和LOGO处是整个建筑的中心所在，在造型设计中需要突出入口的位置，有主有次。

节奏与韵律：节奏本是指音乐中音响节拍轻重缓急的变化和重复。节奏这个具有时间感的用语在构成设计上是指以同一视觉要素连续重复时所产生的运动感。

韵律原指音乐（诗歌）的声韵和节奏。诗歌中音的高低、轻重、长短的组合，匀称的间歇或停顿，一定位置上相同音色的反复及句末、行末利用同韵同调的音相加以加强诗歌的音乐性和节奏感，就是韵律的运用。平面构成中单纯的单元组合重复易于单调，由有规则变化的形象或色群间以数比、等比处理排列，使之产生音乐、诗歌的旋律感，称为韵律。建筑设计中窗户的连续韵律和交错韵律都有不错的造型效果，是实际设计中比较常见的一种设计手法。

联想与意境：平面构图的画面通过视觉传达而产生联想，达到某种意境。联想是思维的延伸，它由一种事物延伸到另外一种事物上。例如图形的色彩：红色使人感到温暖、热情、喜庆等；绿色则使人联想到大自然、生命、春天，从而使人产生平静感、生机感、春意等。各种视觉形象及其要素都会产生不同的联想与意境，由此而产生的图形的象征意义作为一种视觉语义的表达方法被广泛地运用在平面设计构图中。在王澍的建筑设计中都有很好的体现，如象山校区的设计中设计师就模仿了范宽的名画的美学意境。

随着科技文化的发展，对美的形式法则的认识将不断深化。形式美法则不是僵死的教条，要灵活体会，灵活运用。

建筑的主意和构思，是在情与理的双轨上运行；是理想与浪漫的交织；是一种有目标的控制性科学想象和以社会逻辑为原型的自由想象相结合的创意。

它既要运用逻辑思维进行分析和综合，以促使概念的生成；又要借助于形象思维的直觉与灵感，注入对象以活力与神韵。因此，要使大脑的左半球与右半球同时进入状态，协调工作，才有广阔的思路和明晰思维的定向。

建筑，由于所处的区域、环境、气候、使用功能、科技水平、经济、时代、社会背景之不同而表现出各自的特殊。因此，建筑设计应是一种创造性的活动。抄袭、模仿、克隆、拼凑都与建筑的本质相悖。

建筑的形体造型，可以分为两个层面：一是决定建筑基本形态的内因与外因条件；二是依附于建筑基本形态的各种造型技巧。任何形都呈现一种集聚视线的吸引力（视场），而形中的点、线、面、体，都可能形成视觉的张力，或者趋向于一个视觉注意中心，或者相互纷争和对抗。所以欲求得有机的整体性，可以用力的图式来研究形体的组合。（图2-1、图2-2）

一切有机生命体，为了维系自己的生命，必定是设法集聚能力，减少能量的消耗。其次，人们认识

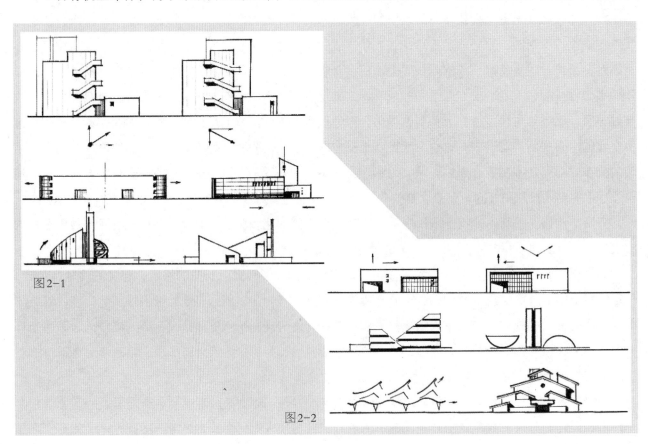

图2-1

图2-2

外界事物，也总是剔除表面的视像，剥离细枝末节的干扰，才能取得对本质的认识。所以，简约是自然界生物的本能。（图2-3至图2-5）

图2-3

图2-4

图2-5

（2）细部设计

一栋建筑在考虑整体的前提下，细部设计也是十分重要的，因此，正是这些细部才使建筑有了丰富的视觉感受。现从以下几方面阐述这一观点。

建筑物入口处理：建筑的入口对于建筑如同人的脸部一样重要，建筑入口，是人们对建筑产生的第一印象，是总体形象极为重要的部位。因此，建筑师精心考虑建筑入口对塑造建筑形象非常重要。不同类型的建筑，其入口设计存在较大的差别。例如：一些大型的行政办公建筑，通常加大其入口宽度、增设踏步和抬高入口标高。一些古典的行政建筑，大楼两旁往往用列柱、石狮以增强其崇高和威严。商业性建筑入口则考虑人流和购物的需求，与室外地面齐平，并辅以绚丽的橱窗、多彩的灯光，来创造富丽的商业气息。

阳台的处理：阳台在建筑构图与建筑造型中起重要作用，它除了具有使用功能外，同时起到了装饰功能，因此，阳台设计处理得当，会使建筑锦上添花，在外观造型中起到画龙点睛的作用。居住建筑中的阳台往往侧重使用功能，在平面尺寸、位置等方面处理好与建筑主体的关系，既为居住者提供完备的使用条件，又能满足居住者的心理要求与环境需求。公共建筑中的阳台设计则着重于装饰功能与美化建筑，它主要随建筑外观的要求而灵活布置，对造型及美观的要求更为重要。

2.2.2 建筑造型设计实践

（1）鹿野苑石刻艺术博物馆造型设计分析

其位于四川成都郫县新民镇云桥村，属私立的小型主题性博物馆，旨在收藏西南丝绸之路范围内佛教石刻艺术品。建筑总用地面积为6670m²，主体建筑面积990m²，是河滩与树林之间的一块平地。上游有一座石桥，下游不远处是河湾。河床中和平地的薄土下面是沉积的卵石，本地的野生杂树和竹林无规则地生长。博物馆主体设置于基地中最大的一块林间平地上，其余两块空地，一个作为前区和停车场，一个作为后勤附属用房基地。竹林成为其间的自然分隔。路径串联起各区域，沿途逐渐架起，临空穿越慈竹林并引向莲池上的入口。博物馆采用展厅环绕中庭的布局，使参观者在迂回的行进路线中仍然保持中心性的定位。中庭二层高，采光利用各个建筑独立个体之间的间隙，而且朝向中庭的墙面都是按外墙处理的。利用建筑体块之间的间隙可以间断地看见河流，与风景之间是一种经过限制和组织的关系。每个展区都有不同的采光方式，如缝隙光、天光或壁面反射光，它们之间的共同点是非日常化。

博物馆藏品以石刻为主题，在建筑设计中，建筑师希望既满足建筑追求又解决中国的问题，也希望表现一部"人造石"的建筑故事。建筑师就地取材，创造了具有诗意的空间和景观，所有这些都是有助于参观者更好地理解古代艺术的精神价值。针对当地低下的施工技术以及事后改动随意性极大的情况，采用"框架结构、清水混凝土与页岩砖组合墙"这一特殊的混成工艺，利用组合墙内层的砖作为内模以保证混凝土浇筑的垂直度，同时成为"软衬"以应付事后的开槽改动等。整个主体部分清水混凝土外壁采用凸凹窄条模板，一是为了形成明确的肌理，增加外墙的质感和可读性，同时，粗犷而较细小的分格可以掩饰由于浇筑工艺生疏而可能带来的瑕疵。主体之外的局部围护附着部分采用露卵石骨料的做法，场地景观部分堤坝意味的矮墙采用卵石码砌，局部下挖的坑洼部分露出薄土下的卵石沉积。由上而下，从直接到间接，表现场地地质与建造材料之间的关系。（图2-6）

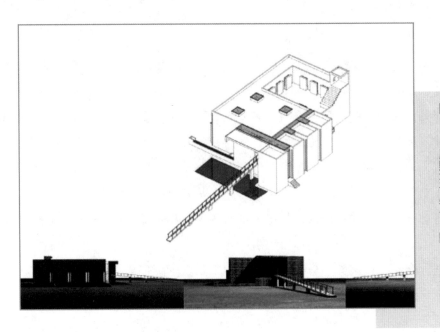

图2-6 鹿野苑博物馆鸟瞰图、立面图

　　总之，刘家琨在这个建筑的设计中，希望寻找到一种方法，它既在当地是现实可行、自然恰当的，又能够真实地接近当代的建筑美学理想。

　　鹿野苑是让刘家琨成名的力作，他至今都认为是完成度最高的一个作品。由于委托人的全然放手，因为是他成立独立工作室后的第一个重要项目，因为建筑的艺术和文化性足够，也因为地处乡村环境和理念的契合，总之，鹿野苑是刘家琨一个最为珍惜的文本。它有叙事，但比早期的艺术家之家更具有空间结构性；它有文人意蕴，但比之前的作品更为建筑，刘家琨对空间的操作就更为彻底；它有技术上的先锋式实验，又有"低技策略"的生动体现。从各个方面来看，鹿野苑是家琨建筑20年里完成度最高、影响最大的作品，并且造型设计中采用多种设计手法，如对立统一、重点突出等。（图2-7至图2-13）

图2-7　鹿野苑博物馆局部透视

图2-8　鹿野苑博物馆局部透视

图2-9　鹿野苑博物馆局部透视

图2-10　鹿野苑博物馆局部　　　图2-11　鹿野苑博物馆局部

图2-12　鹿野苑博物馆局部　　　图2-13　鹿野苑博物馆局部

（2）成都水井街酒坊博物馆造型设计分析

　　成都水井街酒坊博物馆，建筑面积8613m²，这是一组平凡却不简单的博物馆，博物馆采用与相邻街区近似的尺度，融入水井坊历史文化街区。新建建筑环绕古作坊的布局，以合抱的姿态对文物建筑进行烘托与保护，建筑外墙采用与传统材料近似的再生砖、防腐竹，构建手法现代而韵味传统。

　　水井坊博物馆并不起眼。沿水井街西北口向东南方向行走不远，人行道伸展渐宽，视线引至博物馆的入口小广场。清水混凝土的雨棚与柱廊被一道清水混凝土墙分隔。在入口的外侧，能看见一侧两棵柱子和一片薄薄的现浇混凝土板雨棚。深灰色的砖墙将混凝土结构的颜色和质感衬托出来，欢迎参观人员进入。砖墙并非承重结构，砖砌到雨棚顶部为止，留出一道缝隙，让柱廊的框架结构与墙体脱开，低矮的雨棚因此而没有视觉压迫感。

　　博物馆的院墙是空心"再生砖"立砌而成，透过砖孔看到的是一组建筑的山墙和巷弄的不完整画面。连续的折坡屋顶似乎是为了避免大空间作坊通常采用的大跨度屋架。本来有条件形成视觉冲击力的大型体量，被多个民居尺度的连续坡屋顶消解了。建筑师的取义明显，要用平凡代替奇观，尽量缩小体量的视觉冲击力，与古代文人墨客重视的隐世不谋而合，很好地体现了刘家琨所说的"文人意蕴"的内核。（图2-14至图2-16）

图 2-14　成都水井街酒坊博物馆鸟瞰

图 2-15　成都水井街酒坊博物馆鸟瞰

图 2-16　成都水井街酒坊博物馆透视

第3章 小·型建筑设计

学习小型建筑的类别，分别了解微建筑、小别墅、小型公共建筑的特征及类别。掌握小型建筑设计的方法，如小型建筑概念设计、小型建筑方案设计、小型建筑施工设计；以及小型建筑设计的表现方法，如小型建筑手绘表现、小型建筑模型表现、小型建筑软件表现、小型建筑行为体验表现。

重点：了解小型建筑的类别；掌握小型建筑设计方法和小型建筑设计的表现方法。

难点：小型建筑施工设计、小型建筑行为体验表现。

要求学生了解小型建筑的类别；熟练地应用小型建筑设计的方法和表现方法。

3.1 小·型建筑的类别

3.1.1 微建筑

1. 微建筑特征

微建筑在建筑尺度方面最重要的特征就是"小"，微建筑是追求一种极致的"小"，微建筑的"小"里包含着大量的信息，对于"小"的定义，微建筑形态从多视角、多方位进行了诠释。微建筑体现了一种十分迷你化的"小"的形态，这种形态提供了相对单一的使用功能。微建筑的"小型化"，表达了以小见大，以简化繁的方向及特点，这种"小型化"具有新颖奇特的外显形态，同时具有结构清晰、材料单纯、技术构造简明等诸多特点。微建筑形态单纯、体量微小，但是却具有常规建筑的使用功能，两者在这方面区别不大。但是随着微建筑的不断创新，这类特定的小建筑在生态意义、新材料应用、新技术拓展、建筑可移动性、新建造方式上都有巨大的发展空间，在这些方面微建筑又有别于常规建筑。在建筑创新方面，微建筑所采用的材料、技术手段、设计规范目前不一定适合于其他建筑，其具有明显的实验性特征。

不同时期的微建筑形态探索，从介入的方向到途径都有很大的差异，这样的差异也是社会多元化的真实反映，这些微建筑形态、倾向、风格的探索还是基于"以小见大"的建构本质，都是试图探寻"小"的本质特征以及"小"的意义，也是在通过不断的实验性探索来探寻建筑发展的道路。

微建筑的发展趋势是轻质、高效、可适应性与精致、可变、多义空间、节能、生态、小巧、机动性和智能化。（图3-1至图3-8）

图3-1　富勒加拿大博览会"美国馆"卫片图

图3-2　富勒加拿大博览会"美国馆"透视图

图3-3　栖息地67号

图3-4　东京中银舱体楼1

图3-5　东京中银舱体楼内部空间2

图3-6　东京中银舱体楼内部空间3

图3-7　芬兰的萨利色尔卡豪华"雪屋"

图3-8　黑龙江雪乡

2. 微建筑类别

微建筑按建筑类型分类可分为：观景台、小码头、报刊亭、城市休憩空间、小别墅、舱体楼、体验式景观小品、小教堂、帐篷、加建部分、公共厕所、候车亭等，包含的类型丰富多样。

微建筑按领域分类可分为五大领域：公共领域、社区空间、移动式建筑、精简生活、增建空间，各领域微建筑代表作品见表3-1至表3-5所列。

表3-1　公共领域代表性作品

公共领域		
代表性微建筑作品名称	建设位置	设计者
公共厕所	克罗埃西亚	杜布洛夫尼/法比强尼
厕所间	澳洲塔斯马尼亚州	里奇蒙/1+2建筑师事务所
公交车候车亭	英国布拉福	包曼莱恩斯建筑师事务所
游民设计案	澳洲	古塞尔建筑师事务所
赫尔辛基设计周信息站	芬兰赫尔辛基	赫尔辛基科技大学
观景台	芬兰赫尔辛基	小屋木材工坊
海洋公园贝壳架	美国加州	圣塔莫尼卡/泰伊建筑师事务所
单车看守屋	荷兰	席凡宁根/时尚建筑品味建筑事务所
露天音乐台	英国滨海	克劳夫伦建筑事务所
旋转屏风	英国	黑潭/麦杰斯尼

表3-2　社区空间代表性作品

社区空间		
代表性微建筑作品名称	建设位置	设计者
广告大楼	日本东京	戴森建筑师事务所
猪／珠舍	德国	法尔兹／ＦＮＰ建筑事务所
公园旅馆	奥地利	林兹／史特劳斯
帕杰尔游客中心	西澳／南澳	大学建筑系学生
滚球休息室	澳洲墨尔本	迪马斯建筑师事务所
立尔雅教堂	芬兰奥卢	欧伊法建筑师事务所
冥思堂	荷兰哈勒默梅尔	何兰德
胶囊鸽舍	法国科德里	奎丝特
苏文扭节艇	艾贝	索特

表3-3 移动式建筑代表性作品

移动式建筑		
代表性微建筑作品名称	建设位置	设计者
森林藏身罩	西班牙	ｅｘ．工作室
保温翼	美国加州	莫哈维沙漠／亚伯登／哈利根／葛洛夫
混凝土帐篷	—	混凝土帐篷科技
纸板屋	澳洲雪梨	斯塔奇伯里与帕普建筑师事务所
避暑居	芬兰	ＭＨ合作公司
按钮货柜屋	美国	卡尔金

表3-4 精简生活代表性作品

精简生活		
代表性微建筑作品名称	建设位置	设计者
卡崔娜小屋	美国纽奥良	库萨托
露营小屋	西班牙拉托雷雷拉	多伦特
布瑞肯岭理想小屋	美国	迪姆
钓鱼营	美国	罗梅洛
微型住宅	丹麦	Ｎ５５
转转屋	奥地利	万事如意建筑事务所

表3-5 增建空间代表性作品

增建空间		
代表性微建筑作品名称	建设位置	设计者
爱默生的桑拿房	美国明尼苏达州	杜鲁司／萨梅拉建筑事务所
桑拿盒	加拿大	美洲河狸公司
纳凉阁	伦敦	乌玛尔＋席维斯特建筑师事务所
和风庭阁	英国伦敦	狄克森
蝴蝶廊	美国马里兰州	贝什斯达／本质工作室
庭院小屋	西班牙圣米盖库鲁尔思	八十七工作室

3.1.2 小别墅

1. 小别墅特征

别墅通常指建在环境优美的地带、供人居住和休憩的独户住宅，一般由起居室、餐厅、厨房、书房、卧室、卫生间等几部分组成，面积不大但能包容日常生活的基本内容并具有一定的舒适性。在现代建筑发展过程中，别墅的形态和功能也不断变化完善，因为其规模小变化多，它也成为能够第一时间反映建筑潮流变化的建筑类型。（图3-9至图3-25）

图3-9　盖里住宅

图3-12　Alpine Shelter Skuta 1

图3-10　范斯沃斯住宅

图3-13　Alpine Shelter Skuta 2

图3-11　比利时台地别墅

图3-14　Alpine Shelter Skuta 3

图3-15　Alpine Shelter Skuta 4

图3-16　Tower House 1

图3-17　Tower House 2

图3-18　Tower House 3

图3-19　森林度假别墅图1

图3-20　森林度假别墅图2

图3-21　日本小别墅1

图3-24　比利时M形住宅2

图3-22　日本小别墅2

图3-23　比利时M形住宅1

图3-25　比利时M形住宅3

2. 小别墅类别

按其所处的地理位置和功能的不同，又分为：山地别墅（包括森林别墅）、临水（江、湖、海）别墅、牧场（草原）别墅、庄园式别墅等。从建筑形式上看，别墅的外观形状也早已打破地域和国家界限，世界各国优秀的别墅建筑风格在中国的别墅市场上几乎都有所体现。实际上，建筑风格的划分从建筑理论上来说是十分复杂的，但按国内市场上的说法，目前在市场上比较流行的别墅建筑风格大致有：中国传统的园林式风格、日式风格、欧陆传统的贵族风格、北美风情风格、现代风格。按建筑形式可区分为独立别墅、TOWNHOUSE、双拼别墅、叠加式别墅、空中别墅。

3.1.3 小型公共建筑

1. 小型公共建筑特征

生态型发展的趋势，趋于智能化，功能结构单一，通过群体组合形成复杂的功能结构。造型新颖，能以小见大，以少见多，往往成为区域的焦点。技术和结构上有所创新，会使用新的建筑材料和工艺进行设计和施工。

2. 小型公共建筑类别

进入20世纪以后，在大中城市较快地出现了商业、金融、行政、会堂、交通、文化、教育、医疗、服务业、娱乐业等公共建筑的新类型。如商业建筑中出现的货亭、公共卫生间、博览性劝业会场，金融建筑中出现银行、交易所，文化教育建筑中出现大学、中小学、图书馆，交通建筑中出现服务亭、码头等。（图3-26至图3-40）

图3-26　Mirror House 1

图3-27　Mirror House 2

图3-30 红螺会所2

图3-28 Mirror House 3

图3-31 红螺会所3

图3-32 红螺会所4

图3-29 红螺会所1

图3-33 Mestia 法院和警察局

图3-34　牛背山志愿者之家1

图3-37　日本小豆岛公共厕所1

图3-35　牛背山志愿者之家2

图3-38　日本小豆岛公共厕所2

图3-36　牛背山志愿者之家3

图3-39　(Besiktas) 鱼市1

图3-40 （Besiktas）鱼市2

3.2 小型建筑设计方法

3.2.1 小型建筑概念设计

1. 调研分析与资料收集

调查研究是指人们为了达到一定的目的而有意识地对社会现象和客观事物进行考察、了解、整理、分析，以达到对其本质的科学认识的一种社会认识活动。其完整的含义包括以下几个方面：第一，调查研究包括调查和研究两个阶段，它们是对社会现象和客观事物的感性认识和抽象的理性思维紧密结合的两个过程。第二，真正意义上的调查研究是指基于公共利益基础上的调查研究。第三，区别于日常观察和实地考察。调查研究不能仅仅停留在考察社会、搜集感性材料阶段，而要从对社会现象和客观事物的感性认识阶段上升到理性认识阶段，并提出解决问题的政策建议和措施。

按照调查研究的范围可以分为普遍调查研究、抽样调查研究、典型调查研究、重点调查研究、个案调查研究。

普遍调查研究是指为了了解总体的一般性的情况而对较大范围的地区或部门中的每一个对象无一遗漏所进行的调查研究。抽样调查研究是指从总体调查研究对象中抽取一些单位或个人作为样本，以样本的状况来推断出整体状况的一种调查研究。典型调查研究是指从总体调查研究对象中选取一个或几个代表性的单位或个人进行的全面而深入的调查研究。重点调查研究是指从总体调查研究对象中主观地选取少数单位或个人进行调查研究，并通过这些调查研究结果来反映总体状况的一种调查研究。个案调查研究是指从总体调查研究对象中选取一个或几个对象进行深入细致调查研究的一种调查研究。

按照调查研究的时间可以分为一次性调查研究、经常性调查研究、跟踪性调查研究。一次性调查研究是指只进行一次或只能进行一次的调查研究。经常性调查研究是指需要不断进行的、不可废止的一种调查研究。跟踪性调查研究是指在不同时期对同一调查研究对象所进行的一种定点调查研究。

按照调查研究的性质可以分为应用性调查研究和学术性调查研究。

按照调查研究的地域可以分为国际性调查研究、全国性调查研究、地区性调查研究、社区性调查研究。

调查研究的程序主要包括准备阶段、调查阶段、研究阶段、总结阶段四个阶段。准备阶段的工作主要包括以下两个方面：通过对现实问题的观察和思考，来选择和确定研究课题，明确调查任务；进行探索性研究，提出研究假设，明确调查研究的内容和范围。（表3-6至表3-9）

表3-6　建筑资料收集知名网站及其特点

建筑资料收集知名网站及其特点	
网　址	网站名称与资料特点
http：//www. lagoo. com. cn/	建筑中国网（搜索引擎）
http：//www. archiname. com/	筑名导航（搜索引擎）
http：//archi123. com/	知筑导航（搜索引擎）
http：//archgo. com/index. html	把世界建筑放到您桌面
http：//www. big. dk/ # projects	BIG建筑事务所官网
http：//huaban. com/	花瓣网精美的非建筑参考图片
http：//500px. com/photo/23453739？ from = popular	精美参考图片
https：//www. pinterest. com/	外文网站（创意性强）
http：//www. skyscrapers. com/	高层建筑网站
https：//www. guge. click/	谷歌镜像
http：//www. abbs. com. cn	ABBS论坛
http：//www. archdaily. com/	每日建筑
http：//www. japan – architect. co. jp/	新建筑Online（日本）
http：//photo. zhulong. com/JZ	筑龙图库（分类很全）
http：//vincent. callebaut. org/projets – groupe – tout. html	概念建筑参数化

表3-7　建筑师以及建筑事务所网站

建筑师以及建筑事务所网站	
www. zaha – hadid. com	Zaha M. Hadid（哈迪德）
http：//www. jcdainc. com/	基姆斯 卡彭特
http：//www. c – and – a. co. jp/	小岛一浩
http：//www. atkinsglobal. com/en – GB	阿特金斯
www. som. com	SOM
www. pcfandp. com	贝聿铭
http：//www. alvarosiza. com/	渐近线
http：//www. richardmeier. com/	理查德·迈耶
http：//www. pritzkerprize. com	普利兹克奖得主

表3-8　建筑论坛以及学校网站

建筑论坛以及学校网站	
http：//www. aaschool. ac. uk	AA官网
www. tydf. cn	天圆地方建筑专业论坛
http：//www. arch. tsinghua. edu. cn/chs/	清华大学建筑学院
http：//arch. seu. edu. cn	东南大学建筑学院
http：//www. tongji–caup. org	同济大学建筑与城市规划学院
http：//www. scut. edu. cn/	华南理工大学
http：//www. lagoo. cn/www. designgroup. com	前卫建筑论坛
http：//www. asla. org	美国风景园林师协会

表3-9　微信公众号

微信公众号			
行走建筑		建筑师的非建筑	
无非建筑		设计干货	
ABBS		建筑微品	
《建筑技艺》杂志		空间库spacekoo	

2. 概念构思

路易斯·康用"静谧"与"光明"来表达他的观点，他使用"静谧"（Silence）这个字眼代表不可计量的事物，使用"光明"这个字眼代表可计量的事物。他指出，一栋伟大的建筑必须开始于对不可计量的"精神"的领悟，而"精神"在根本上是超越任何描述的，对精神的领悟来自于建筑师对建筑所服务的机构、材料、所有已造物之起源的探索，这种领悟是没有实体的，因此在设计时必须透过可计量的"物质"，如遵循自然的法则、运用材料、构造方法和工程学。可是到了最后，当建筑物成为生活的一部分时，它又唤起了不可计量的精神特质。除非你从自己的内在中去挖掘，否则你不可能了解事物的本质。"你必须先感知它是什么，然后你才能看看别人认为它是什么，……如果你脑中装满了那些不属于你的东西，你会忘掉它们，它们永远不会留在你的脑中，而且你会丧失对于自我价值的意识"。所以康说："我认为一个人不应该引用任何审美学（艺术的规则），审美学是从一件作品的独特性中去领悟的。在某件作品中一个对规则的运用很敏感的人创造出一套审美原则。审美学是在你创作了某件东西之后才有的，不是在创作之前。"（图3-41、图3-42）

图3-41　柯布西耶蒂沃里古罗马石窟采光速写

图3-42　萨尔克生物研究所概念构思草图

3. 概念设计

在建筑设计实践中，在设计的开始阶段，从大局入手，分析种种客观条件的限制约束，通过分析、判断、筛选，形成解决问题的"设计概念"；并由上述概念出发，忽略具体的细节，从环境设计、空间构成、建筑形式、结构等方面推敲，探讨单体与城市、环境、文化、技术等的关系，通过建筑师的构思，触发灵感与创意，使抽象的设计概念物化成像，形成一个概念性的方案，其目的是为了以此指导接下来进行的具体的设计工作，并为今后的创作留有余地。（图3-43、图3-44）

图3-44　厂房改建概念设计草图

图3-43　展览馆概念设计草图

3.2.2　小型建筑方案设计

1. 方案设计

在小型建筑设计中注意委托方的设计需求，在其基础上进行方案设计。设计中应首先掌握小型建筑设计的以下方面：

（1）注意项目性质、建筑类型、建筑规模、使用者、限定词等；

（2）注意规划要求。如容积率、建筑控制线、建筑出入口位置、基地保留树木等，注意红线位置；

（3）记住主要功能内容：房间数量、功能要求等；

（4）注意特殊要求：房间高度要求、屋顶形式。

小型建筑流线比较简单，可以考虑采用"一"字形流线或者锯齿形流线。一字形在有限地块中较常用，而在富余地块中应用较少，图3-45所示是应用较恰当的实例。大空间之所以很少采用，是因为其采光的要求，此例中能用一字形，主要有两点，一是采光要求不高，且占地大。二是功能区分为两块，各分两边（这两个功能区干扰性不大，属性相似，可合可拆）。一般在小场地应用较广，功能区适于两边分布，动与静、私密与开放；大场地时要考虑功能房间是否对采光要求高，不高的话即不需要中庭，一字形适用。为避免交通空间的狭长单调，可适当增加灰空间，以丰富、活跃空间。

锯齿形空间的形式，其特点是功能房有秩序有节奏的排列，两个房间之间做灰空间。优点是丰富平面、立面、剖面，活跃空间。

WC、楼梯、入口内凹形成了中部隔离带，将功能区从中间一分为二，既划分了功能区，也妥善布置了辅助空间。此种方法的应用有局限性，对于不需要中庭采光的建筑类型（展览类、小型办公、住宅等）适用。

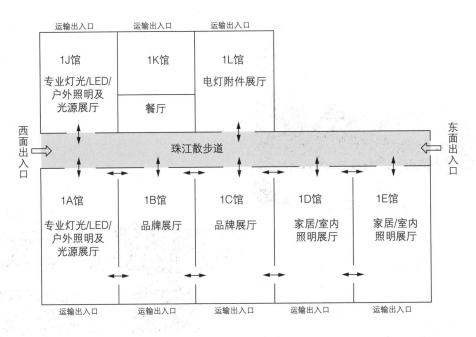

图3-45 一字形平面布局参考图

隔离功能区的常用方法有：景观隔离、中庭隔离、辅助空间隔离、墙体隔离等，最常用的即景观和中庭隔离，辅助空间隔离法的套用条件有局限性。

2. 方案优化

方案设计完成后，进行方案的优化。环境方面的制约因素，由外到内地理环境、区位环境、室外环境等，具体包含以下四个方面：

（1）交通流线的组织——车流、人流、货流；

（2）朝向、景观——界面控制；

（3）与周围建筑的相互关系；

（4）建筑形态的环境意义——空间体量的组合、空间界面的围合、建筑对周围环境的影响。

3. 深入设计

深入设计阶段需要考虑更多更加细致的方面，是对前面两个阶段的进一步深化，需要考虑各种因素，此阶段经历的时间会最长。一般从以下三个方面深入：

（1）功能方面的制约因素——由内到外

① 各功能空间的相互联系要求；

② 各功能空间面积分配（方块图、面积、形态）；

③ 各功能空间开放程度，空间对内和对外的关系；

④ 各功能空间的朝向要求，以及与之相适应的结构要求；

⑤ 各功能空间的动静要求，如阅览室（静）、舞厅（动）等。

（2）规划和技术经济方面的要求

① 规划要求——建筑密度、容积率、绿地率、机动车停车位数、出入口方位等；

② 技术经济方面的要求——建筑总面积、容积率、建筑密度、绿地率、结构形式等。

（3）造型处理

一般来说，建筑造型主要通过立面和透视图表达，因此应把握以下环节：

① 建筑造型首先要与功能有必然的联系和呼应，并且反映出不同类型建筑的空间构成特点，表达出不同的建筑个性；

② 建筑造型应与周边环境有密切关联，在尺度、体量、色彩等方面反映出在地域、气候、文化等条件下建筑应有的环境特征；

③ 建筑造型具有整体性，主从关系清楚，立面设计逻辑性强，防止结构错误或立面凌乱现象；

④ 建筑造型具有一定的趣味性，有一定的细部处理，结合节点详图，能够反映出一定的材料、构造做法。

3.2.3　小型建筑施工设计

1. 施工设计

施工组织设计是以施工项目为对象编制的，用以指导施工的技术、经济和管理的综合性文件。施工组织设计的任务是对具体的拟建工程（建筑群或单个建筑物）的施工准备工作和整个施工过程，在人力和物力、时间和空间、技术和组织上，做出一个全面且合理，符合好、快、省、安全要求的计划安排。施工组织设计的作用是对拟建工程施工的全过程实行科学管理的重要手段。通过施工组织设计的编制，可以全面考虑拟建工程的各种具体条件，扬长避短，拟定合理的施工方案，确定施工顺序、施工方法、劳动组织和技术经济的组织措施，合理地统筹安排拟定施工进度计划，保证拟建工程按期投产或交付使用；也可以为拟建工程的设计方案在经济上的合理性、技术上的科学性和实施工程的可能性进行论证提供依据；还可以为建设单位编制基本建设计划和施工企业编制施工计划提供依据。依据施工组织设计，施工企业可以提前掌握人力、材料和机具使用上的先后顺序，全面安排资源的供应与消耗；可以合理地确定临时设施的数量、规模和用途，以及临时设施、材料和机具在施工场地上的布置方案。施工组织设计是施工准备工作的一项重要内容，同时也是指导各项施工准备工作的重要依据。[①]（图3-46）

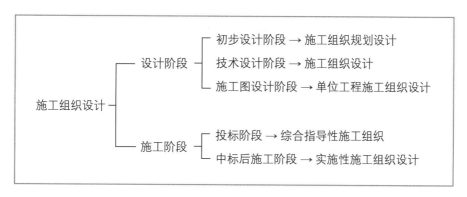

图3-46　施工组织分类设计图

① 杨德磊，李振霞，傅鹏斌主编；耿晓华，阎玮斌，姜波，饶兰副主编；陈晖，任忠侠参编；吴继锋主审，建筑施工组织设计，北京理工大学出版社，2014年1月第2版，第5页。

施工组织设计是一个总的概念，根据建设项目的类别、工程规模、编制阶段、编制对象范围的不同，在编制的深度和广度上也会有所不同。

施工组织设计按编制对象范围的不同，可分为施工组织总设计、单位工程施工组织设计和分部分项工程施工组织设计三种。

(1) 施工组织总设计是以一个建设项目或一个建筑群为对象编制的，对整个建设工程的施工过程的各项施工活动进行全面规划、统筹安排和战略部署，是全局性施工的技术经济文件。施工组织总设计最主要的作用是为施工单位进行全场性的施工准备和组织人员、物质供应等提供依据。施工组织总设计的主要内容有工程概况、施工部署和施工方案、施工准备工作计划、各项资源需用量计划、施工总进度计划、施工总平面图、技术经济指标分析等。

(2) 单位工程施工组织设计是以一个单位工程为对象编制的，是用于直接指导其施工全过程的各项施工活动的技术经济文件，是指导施工的具体文件，是施工组织总设计的具体化。由于它是以单位工程为对象编制的，可以在施工方法、人员、材料、机械设备、资金、时间、空间等方面进行科学合理的规划，使施工在一定的时间、空间和资源供应条件下，有组织、有计划、有秩序地进行，实现质量好、工期短、资金省、消耗少、成本低的良好效果。单位工程施工组织设计的主要内容包括工程概况、施工方案、施工进度计划、施工准备工作计划、各项资源需用量计划、施工平面图、技术经济指标、安全文明施工措施。

(3) 分部分项工程施工组织设计是针对某些较重要、技术复杂、施工难度大或采用新工艺、新材料、新技术施工的分部分项工程。它用来具体指导这些工程的施工，如深基础、无黏结预应力混凝土、大型安装、高级装修工程等，其内容具体详细，可操作性强，可直接指导分部（分项）工程施工的技术计划，包括施工方案、进度计划、技术组织措施等。一般在单位工程施工组织没有确定施工方案后，由项目部技术负责人编制。

施工组织设计的内容是根据不同工程的特点和要求，以及现有的和可能创造的施工条件，从实际出发，决定各种生产要素（材料、机械、资金、劳动力和施工方法等）的结合方式。施工组织设计应包括编制依据、工程概况、施工部署、施工进度计划、施工准备与资源配置计划、主要施工方法、施工现场平面布置及主要施工管理计划等基本内容。在不同设计阶段编制的施工组织设计文件，内容和深度不尽相同，其作用也不一样。一般来说，施工组织条件设计是概略的施工条件分析，提出创造施工条件和建筑生产能力配备的规划；施工组织的设计是对施工进行总体部署的战略性施工纲领；单位工程施工组织设计则是详尽的实施性的施工计划，用以具体指导现场施工活动。

2. 施工预算

建筑工程（也称建筑工程项目或建设项目）设计概算和施工图预算，是指在执行工程建设程序过程中，根据不同设计阶段设计文件的具体内容和国家规定的定额、指标及各项费用取费标准，预先计算和确定每项新建、扩建、改建和重建工程所需要的全部投资额的文件。它是建设项目在不同建设阶段经济上的反映，是按照国家规定的特殊的计划程序，预先计算和确定建筑工程价格的计划文件，是建设程序的重要组成部分。建筑工程设计概算和施工图预算总称为建筑工程预算，简称建筑预算。

建设预算所确定的每一个建设项目、单项工程或其中单位工程的投资额，实质上是相应工程的计划价格。这种计划价格在实际工作中，通常称为概算造价或预算造价。

根据我国的设计和概预算文件编制及管理方法，对工业与民用建筑工程作如下规定：①采用两阶段设计的建设项目，在初步设计阶段，必须编制总概算，在施工图设计阶段，必须编制施工图预算。②采用三阶段设计的建筑项目，在技术设计阶段，必须编制修正总概算。③在基本建设全过程中，根据基本建设程序的要求和国家有关文件规定，除编制建筑预算文件外，在其他建设阶段，还须编制以设计概预算为基础（投资估算除外）的其他有关经济文件。①

3. 施工监理

国家推行建筑工程监理制度。对实行监理的建筑工程，应由建设单位委托具有资质条件的工程监理单位监理。建设单位与其委托的工程监理单位应当订立书面委托监理合同。在实施建筑工程监理前，建设单位应当将委托的工程监理单位、监理的内容及监理权限，书面通知被监理的建筑施工企业。对建筑工程监理的法律规定如下：

第一，建筑工程监理单位应当依照法律、行政法规及有关的技术标准、设计文件和建筑工程承包合同，对承包单位在施工质量、建设工期和建设资金使用等方面，代表建设单位实施监督。

第二，工程监理单位应当在其资质等级许可的监理范围内，承担工程监理业务。有关资质等级及业务范围在《工程监理企业资质管理规定》（2001年8月29日中华人民共和国建设部令第102号发布）中作了具体规定，在此略。

第三，工程监理单位应当根据建设单位的委托，客观、公正地执行监理任务。工程监理单位不得转让工程监理业务。

第四，工程监理单位与被监理工程的承包单位以及建筑材料、建筑构配件和设备供应单位不得有隶属关系或者其他利害关系。

第五，工程监理单位不按照委托监理合同的约定履行监理义务，对应当监督检查的项目不检查或者不按照规定检查，给建设单位造成损失的，应当承担相应的赔偿责任。

第六，工程监理单位与承包单位串通，为承包单位谋取非法利益，给建设单位造成损失的，应当与承包单位承担连带赔偿责任。

第七，工程监理人员在实施工程监理时，认为工程施工不符合工程设计要求、施工技术标准和合同约定的，有权要求建筑施工企业改正。

第八，工程监理人员发现工程设计不符合建筑工程质量标准或者合同约定的质量要求的，应当报告建设单位要求设计单位改正。②

---

① 陈鹏志主编.建筑施工手册（1—4册）.吉林科学技术出版社，2000年07月第1版，第1673页。

② 李广述主编.全国职业技术院校教材园林法规 园林专业用.中国林业出版社，2003年01月第1版，第146页。

3.3 小型建筑设计表现手法

3.3.1 小型建筑手绘表现

1.建筑透视的规律与表现技法

本节从基本的形体入手，详细介绍基本几何体透视的尺规画法。

（1）正方体的透视绘制方式（图3-47、图3-48）

第一步：确定视平线的位置，在视平线上方绘制45°倾角的正方形，如图3-47所示；

第二步："蛙透视"延长上方两边，与视平线相交，在下方一定的位置确定视点位置，以很低的视角看正方体。绘制正常视高的透视图，确定的视高位置为正常高度即可；

第三步：连接灭点和视点，完成绘制，如图3-48所示；

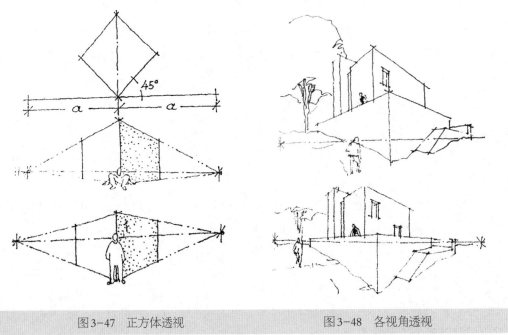

图3-47 正方体透视   图3-48 各视角透视

（2）圆柱体的透视绘制步骤

第一步：①作圆的外切正方形及对角线；②求出正方形及对角线的透视；③为了方便作图，把圆及其外切正方形ABCD一同移动到基线之下；④求出圆的外切正方形的四个切点及其两条对角线的四个交点的透视；⑤依次连接完成圆的透视椭圆。依据这五个步骤画出圆柱底部圆的透视，如图3-49、图3-50所示。

第二步：作真高线并量取圆柱的高度H，如图3-51所示；

第三步：画出上底圆的外切正方形的透视；

第四步：自底圆的八个点的透视分别作垂直线，找到顶圆上八个对应点的透视，依次连接各点；

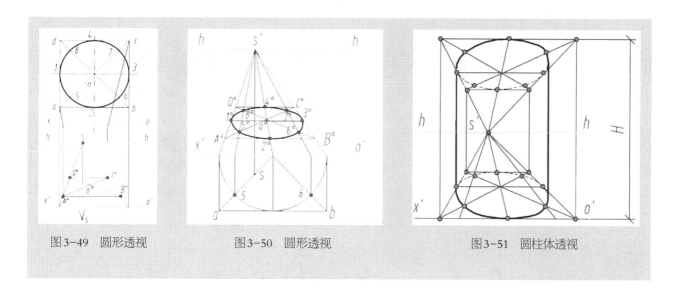

图3-49 圆形透视　　　　图3-50 圆形透视　　　　图3-51 圆柱体透视

第五步：画两透视圆的公切线，完成绘图。

2. 建筑空间线稿的规律与表现技法

在近、中、远各景物空间里，有时可把中景作为主要刻画对象，有时可把近景作为主要描绘对象，共他部分相加为次要对象，可概括处理。

当出现破坏画面效果的不协调因素时，如电线杆、树枝、杂乱的临建小房等，都要大胆地舍弃。同样，也可将周围理想的景物移到画面需要的地方，对眼前的景物，根据构图和审美的需要，进行大胆的取舍，这样会使画面更加完美。

建筑物的几何形体有方、圆、柱之分，因此在建筑速写时解决的是如何很好地概要地勾勒出透视的问题！由于选取的角度不同，画家与建筑物的视角也会不同，随之直觉感受也不一样。作画时的眼睛位置很重要，它决定了视点和视平线（也是自然界中的地平线）的高低。视平线的高低形成了俯、仰、平的视觉效果。俯视常用来表现宏大、壮观，仰视则用来表现雄伟、气派。当视平线与建筑物相平行时，建筑物只有一个消失点，一切平行于视平线的线都平行地面，这称为平行透视。当视平线和建筑物不平行时，建筑物有两个消失点，这称为成角透视。通常在画面中只有一个消失点，而另一个在画面之外。建筑物的倾斜角常会小于90°，犹如观众视点贴到建筑物前，感觉要想把建筑物推远，消失线与视平线的角度应当减小，建筑物越远，与视平线的角度越小，甚至接近平行，即使画得再大也有远的感觉。如果消失线与视平线的角度过大，建筑物即使画得再小也会感觉很近。因此，仅仅知道消失点还不够，消失线与视平线的圆的透视在建筑速写中也是常遇到的，如圆形的广场、圆屋顶、圆柱、半圆的透视。圆的透视画法，主要是正方田字形的透视。同时要注意左右两顶点，正圆要注意上下构顶点，切不可倾斜成两个尖角，犹如树叶一样；圆心与视平线等高时，圆就形成一条线。俯视和仰视时，圆和弧线随之变化，越高（或越低）越向正圆接近，在建筑也不可忽视人物的透视（图3-52）。

根据绘图的需要，可以将观察点的距离进行灵活的调控。A视点最近，可以表现出建筑的空间关系，同时可以很好地表现出建筑的材质与光影关系。B视点距离较A稍远，可以很好地看到与建筑周边环境的关系，建筑的体块关系也可以很好地表达。C视点最远，可以看到整个场地的环境，可以很好地看到建筑与整个环境的关系，建筑与环境要同比重地去表达。（图3-53）

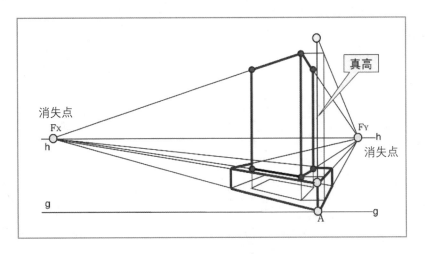

图3-52 组合体透视

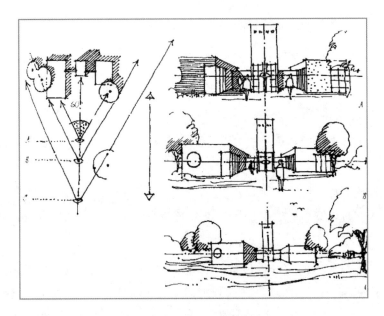

图3-53 不同视域透视

绘制建筑透视图时需要选择合适的视点，同时也要选择合适的视角，正确的视角是在60°范围之内，不正确的视角会引起很大的变形，类似于"鱼眼"的知觉方式，在手绘建筑效果图中，会适当地扩大视角，以增加建筑的张力。(图3-54)

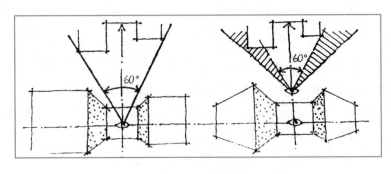

图3-54 不同视角透视

3. 马克笔的规律与表现技法

马克笔的一大优势就是快捷方便。马克笔有两种类型即水性、油性两种，其水性马克笔作图的用纸比较随意。纸纹较细的绘图纸、复印纸、新闻纸都是水性马克笔的理想用纸。油性马克笔的作图用纸一般采用硫酸纸比较适合。硫酸纸有两个特点，一是吸收颜色慢，可反复叠加，直至达到理想的效果。二是具有半透明性，颜色可在纸的正反两面刻画，使色彩更加丰富。

第一步：绘图前的工具准备。

马克笔效果图的墨线要用针管笔勾画，为了使线形的变化丰富，针管笔从0.1、0.3、0.5到0.8几种型号是必不可少的，作为马克笔效果图的表现大都用水性的马克笔，其水性马克笔在表现过程中可与水结合使用效果更好。马克笔有上百种色，想要完成色彩丰富的效果图就要多准备一些，一般情况下有40到60支就够用了。由于马克笔不能调颜色的特点，所以相近色彩的颜色如偏蓝灰、绿灰、黄灰、红灰等颜色的色相要非常接近，以便在绘制过程中起到衔接过渡作用，产生色彩的微妙变化。(图3-55)

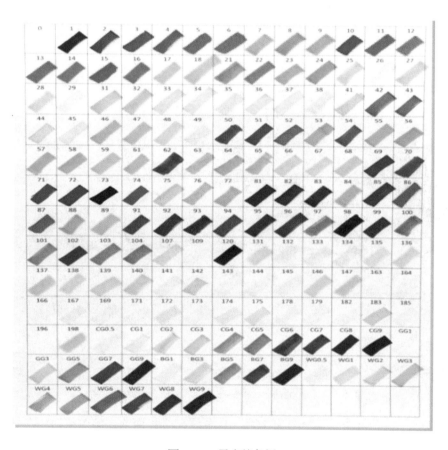

图3-55 马克笔色板

第二步：草图与构思。

草图阶段要解决好以下三个问题。

一是透视在构图中的关系，透视在效果图表现中至关重要。表现室内效果图一般用一点透视，表现外观建筑与环境大都用两点透视。视平线应根据所表达的构思内容确定视平线的高低与灭点的左右位置，灭点不要放到画面的中心，不然会给人呆板的感觉。应首先确定要表现内容与透视角的俯仰关系，确定视点、视高达到理想的空间，形成理想的透视效果。

二是确定色调，任何一幅效果图都会有一个以某种色彩为主的色调关系，其色调从色性上分有冷色调与暖色调两种，从色相上分有红色调、黄色调、赭黄色调、蓝色调与绿色调及各种偏红、偏黄、偏蓝的灰色调等。从明度上分有明色调、暗色调等。正因为如此，在草图的酝酿阶段应把构好的草图复印几份小样，用不同的色调关系快速地表现一下色彩，挑出最有感染力的一幅作为画正稿时的参考。

三是构图，构图是一幅效果图成功的基础，草图的构图过程中应确定主题关系，形成视觉中心与趣味中心，确定好物体的比例关系及重量分布，使构图均衡，主次分明。构图是形成视觉冲击力的主要因素，构图中的均衡、张力、对比统一、体量的转移、节律等是构图的一些基本法则。

第三步：勾墨线。

墨线的勾勒要讲究前后粗细，一般应用0.5的笔勾主体部位，用0.3的笔勾配景，如人物、树木、车辆等，用0.1的笔勾远景。墨线在画面中的总体联系构成画面形式与变化的韵律，而韵律所体现的情趣就是我们所谓的线条韵味。（图3-56）

图3-56　勾墨线示意

第四步：着色。

着色的几种类型如下。

① 重叠画法：色彩重叠是马克笔常用的表现方法，水性马克笔颜色画一遍与重叠后所产生的效果不同，通过重叠增加了颜色的深度，使色彩更丰富。当表现一个界面的过渡效果时，应选择色性相同的很接近的两至三种颜色。由于马克笔用的是透明水色，在画颜色时从色彩的明度上讲应先画最浅的颜色，然后再依次画较深的颜色，用暗色覆盖亮色，同时由于透明水色的特性，当两种颜色重叠也就相当于两种颜色调配，会产生另一色相关系。如红与蓝重叠会呈现紫色，黄与蓝重叠会呈现绿色等。

② 界面的满涂与半涂：一个界面正对我们则是一个立面，当与我们的脸面成一定角度就会产生透视空间，界面的表现有两种着色方式。其一是满涂，是把整个界面利用马克笔借助尺子一笔接一笔的排着将一个面均匀地铺上颜色，如效果图尺幅较小，应徒手涂色。半涂效果在马克笔效果图表现中用处最广，以此来形成受光、反光和光亮的镜面效果。半涂可在白色的底子上画此效果，也可在满涂后再进行

半涂的技法表现，来产生丰富的色彩效果。

③ 湿画：湿画可使明确的笔触变虚变柔，产生一定的水彩画效果，使色彩的衔接柔和，增强了马克笔表现的美感形式。一是先干画后湿画，将所表达的内容画好后，用手指或毛笔蘸清水画在需表现的部位。二是先湿纸后画色，纸张加清水后用纸巾将清水吸掉，然后趁潮湿将要表现的部位画好，使其产生一种较为润泽的效果，可使两色衔接自然，能充分表现空间效果。

第五步：效果图的配景表现。

小型建筑效果的表现中建筑是主体，配景只是附属部分，需要简单扼要的绘制。

① 天空：可选用两至三种色相很近的蓝色，利用疏密的排线画出云的基本体积和基本色彩关系，而后把画板后边垫起10cm上下的高度，用毛笔蘸清水在画好的颜色上轻轻刷揉，也可根据情况和需要用手指轻揉，颜色就会慢慢渗化开，达到云与天的自然过渡水色流畅的效果。

② 树木：树是效果图表现的重要环节之一。树的种类繁多，作为建筑配景的树，首先应看设计的建筑物的作用，作为烘托建筑氛围的树木一定要于它的使用功能联系起来，如商场、住宅、纪念馆等场所就应各有不同；其次色彩的运用要根据树的种类、季节以及整体画面的色彩关系来着色，树头不宜画得过圆，要有起伏。

③ 车辆、人物：车辆、人物都是效果图中用来渲染气氛的。在效果图中建筑物与人物树木相对比，人物就如一把尺子，车辆与人物的大小与建筑物、树木的高低有着直接的联系，一定要按照比例关系去塑造。

车辆、人物的色彩都要与环境的色彩相呼应，如需突出车辆或人物，可用补色关系去画，如绿树环境中的红车或穿着红衣服的人，偏紫色环境中黄色的车或人及橙色环境中蓝色的车、人等都是色相环中180°的补色关系，是对比最强烈的。视整体情况也可用同性色或同类色来画车与人，这样色彩协调、雅致，会给一幅效果图带来活泼、典雅的效果。（图3-57至图3-59）

图3-57 马克笔效果图

图3-58　马克笔效果图

图3-59　马克笔效果图

4. 水彩的规律与表现技法

水彩是一种半透明的颜料，它的性质介于透明水色与水粉颜料之间，它既没有水粉颜料所拥有的极强的覆盖力，也不如透明水色颜料的透明效果好。但由于它的半覆盖半透明的特质，决定了它既可利用针笔稿做底稿，也可以用自身的色彩特性独立地去表现物体。

水彩因其半覆盖的特性会对针笔墨线稿造成部分影响，所以用水彩进行着色时底稿一般只用针笔画出画面中物体的轮廓线与结构线，不宜作太多、太深入的刻画和塑造物体的体积感与空间感，可利用水彩自身的冷暖、深浅及浓淡，在施色中逐步完成。

水彩的使用方法是由水进行调和，控制色彩的饱和程度。着色的方法也是由浅至深、由淡至浓，逐渐加重，分层次一遍遍叠加完成的。由于水彩颜色的渗透力强、覆盖力弱，所以颜色的叠加次数不宜过多，一般两遍，最多三遍。同时混入的颜色种类也不能太复杂，以防止画面污浊。具体着色时，画面浅色区域画法一般为高光处留白，用水的多少控制颜色的浓度。一般来说，浅色区域的色彩加水量比较多，浓度较淡，用自身明度高的颜色画浅色，这样既可使浅色区域色调统一在明亮的色调中，又可以有丰富的色彩变化和清澈透明感。深色区画法一般用三种以下的颜色叠加画暗部；选用自身色相较重的色彩画暗部；加大颜色的浓度，降低水在颜色中的含量。中间色调尽可能用一些色彩饱和度较高的颜色，也就是固有色。当然，色彩的运用还是要根据实际作图要求来决定的。

水彩表现技法与透明水色一样需要用吸水性较好的纸张，这样才不容易使画纸变形，影响画面效果。

5. 综合材料的表现技法

综合表现技法是最常用的一种方式，可以将水彩、马克笔、彩铅综合运用。取各种表现方式的长处，但是在实际操作中也是最难掌握的一种方式。如图3-60所示，采用了马克笔和彩铅，如图3-61所示，采用了彩铅和水彩。

图3-60　马克笔效果图

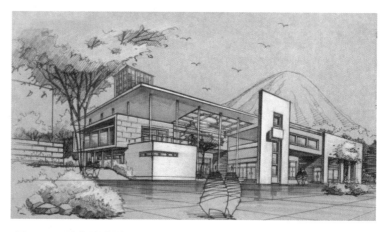

图3-61　马克笔效果图

3.3.2　小型建筑模型表现

1. 建筑模型的材料特征

做建筑模型主要用的材料一般是PVC板、卡纸、木板、玻璃纸。配景的材料就丰富多样，可以灵活选择。

（1）把图纸按需要的比例进行缩放，比如要做1:100，就缩放到1:100。

（2）把建筑的各个面分解出来，单独出图，然后1:1打印出来。

（3）把打印出来的纸贴在卡纸上，然后裁出门窗和边框。

（4）把裁好的各个墙面用UHU胶黏起来。要特别注意，各个面接缝出板子的厚度。制作模型时要按照模型的类型从而使用不同的材料。

主体建筑：（1）主体墙面，模型专用"747"型ABS高分子工程塑料板（厚度为0.8~33mm）；（2）主体玻璃，模型专用ICI高透明有机玻璃（厚度为0.8~1.2mm）。

路面、硬质铺装及加工方式：全部使用模型专用LG ABS板材。

绿化草坪：模型专用FALLER草坪。

植物：软化铜丝、高弹海绵、高质量颜料及模型专用FALLER草粉。

黏合剂：优质三氯甲烷、日本A-A超能胶、德国UHU胶、喷胶。

配景汽车及人物：专用模型人物、小品、汽车等。

2. 建筑模型的制作工艺与流程

建筑模型制作教程有下面简单三步。

第一，对你要做的建筑模型进行设计，如果是将某个具体的现有建筑做成模型的话，你要对该建筑进行具体的数据采集，最好是有一整套的图纸，平面的、立面的、细部的以及具体的尺寸数值。然后根据你要做的模型的大小，定好比例，按比例将各尺寸缩小，得出你的模型的设计图。CAD画分解图，根据需要的比例，确定搭接部位尺寸。

第二，按照你的图纸对材料进行切割，泡沫之类的可以选用热丝切割机，塑料的比如ABS这些精细的东西个人就不太好弄了，大公司一般用雕刻机刻ABS板、压克力板，当然个人制作的话可以手工，就是效率太低。记得先做出主体，这个比较简单，就是按尺寸切出外墙及屋面，黏合墙体等部件（模型玻璃喷漆后才装）。再按图纸做出细部构件，把这些细部构件黏结到主体上，当然之前要在主体的相应位置先做好标记。

第三，用吹塑纸或颜料等对模型进行上色，这个应该会弄，就不再说了。一般的人没有在模型公司待过，做起来是比较困难的，因为既要会画图，又要懂技术，还要有耐心去粘贴等。

3. 建筑模型的综合表现

建筑模型的成品是建筑设计成果的一个重要的组成部分，概念模型最终的价值在于帮助设计者体验和感受方案的空间感受，可以对方案进行预期的评估，进一步去优化方案。成品模型可以很好地给非专业人士展示设计成果，设计的成果具体明了，可以很直观地感受到建成后的效果。（图3-62至图3-65）

图3-62 模型效果

图3-63 模型效果

图3-64　模型效果

图3-65　模型效果

3.3.3　小型建筑软件表现

1. 平立面软件AutoCAD

AutoCAD（Autodesk Computer Aided Design）是Autodesk（欧特克）公司首次于1982年开发的自动计算机辅助设计软件，用于二维绘图、详细绘制、设计文档和基本三维设计，通过它无需懂得编程，即可自动制图。现已经成为国际上广为流行的绘图工具。AutoCAD具有良好的用户界面，通过交互菜单或命令行方式便可以进行各种操作。它的多文档设计环境，让非计算机专业人员也能很快地学会使用。在不断实践的过程中更好地掌握它的各种应用和开发技巧，从而不断提高工作效率。AutoCAD具有广泛的适应性，它可以在各种操作系统支持的微型计算机和工作站上运行（图3-66）。因此它在全球广泛使用，可以用于土木建筑、装饰装潢、工业制图、工程制图、电子工业、服装加工等多方面领域。

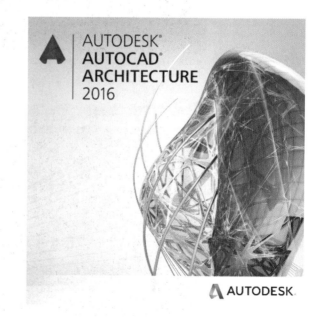

图3-66　CAD界面

2. 建筑软件天正建筑

自1994年发展至今，天正公司的建筑CAD软件在全国范围内取得了极大的成功，全国范围内的建筑设计单位，已经很难找到不使用天正建筑软件的设计人员；可以说，天正建筑软

图3-67　天正建筑

件已经成为国内建筑CAD的行业规范，随着天正建筑软件的广泛应用，它的图档格式已经成为各设计单位与甲方之间图形信息交流的基础。（图3-67）

随着 AutoCAD 2000 以上版本平台的推出和普及，以及新一代自定义对象化的ObjectARX开发技术的发展，天正公司在经过多年刻苦钻研后，在2001年推出了从界面到核心面目全新的TArch5系列。其采用二维图形描述与三维空间表现一体化的先进技术，从方案到施工图全程体现建筑设计的特点，在建筑CAD技术上掀起了一场革命。采用自定义对象技术的建筑CAD软件具有人性化、智能化、参数化、可视化多个重要特征，以建筑构件作为基本设计单元，把内部带有专业数据的构件模型作为智能化的图形对象，天正提供体贴用户的操作模式使得软件更加易于掌握，可轻松完成各个设计阶段的任务，包括体量规划模型和单体建筑方案，适用于从初步设计直至最后阶段的施工图设计，同时可为天正日照设计软件和天正节能软件提供准确的建筑模型，大大推动了建筑节能设计的普及。（图3-68至图3-71）

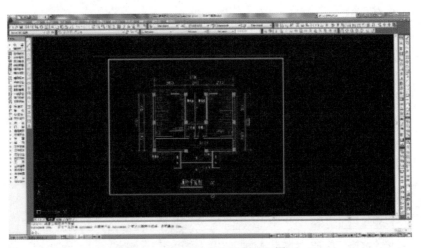

图3-68　白洋村公共厕所天正界面

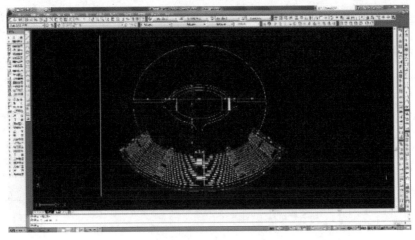

图3-69　白洋村森林剧场天正界面

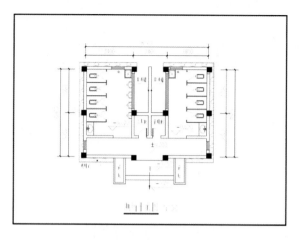

图3-70 白洋村公共厕所成图

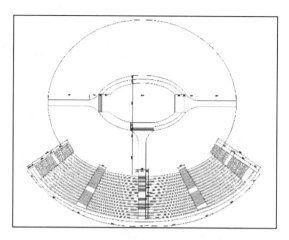

图3-71 白洋村森林剧场成图

3. 草模软件SketchUp

SketchUp是一套直接面向设计方案创作过程的设计工具,其创作过程不仅能够充分表达设计师的思想,而且完全满足与客户即时交流的需要。它使得设计师可以直接在电脑上进行十分直观的构思,是三维建筑设计方案创作的优秀工具。

SketchUp是一个极受欢迎并且易于使用的3D设计软件,官方网站将它比喻作电子设计中的"铅笔"。它的主要卖点就是使用简便,人人都可以快速上手,并且用户可以将使用SketchUp创建的3D模型直接输出至Google Earth里。(图3-72)

图3-72 SU界面

(1)独特简洁的界面,可以让设计师短期内掌握;

(2)适用范围广阔,可以应用在建筑、规划、园林、景观、室内以及工业设计等领域;

(3)方便的推拉功能,设计师通过一个图形就可以方便生成3D几何体,无须进行复杂的三维建模;

(4)快速生成任何位置的剖面,使设计者清楚地了解建筑的内部结构,可以随意生成二维剖面图并快速导入AutoCAD进行处理;

(5)与AutoCAD、Revit、3DMax、PIRANESI等软件结合使用,快速导入和导出DWG、DXF、JPG、3DS格式文件,实现方案构思、效果图与施工图绘制的完美结合,同时提供与AutoCAD和ARCHICAD等设计工具的插件;

(6)自带大量门、窗、柱、家具等组件库和建筑肌理边线需要的材质库;

(7)轻松制作方案演示视频动画,全方位表达设计师的创作思路;

(8)具有草稿、线稿、透视、渲染等不同显示模式;

(9)准确定位阴影和日照,设计师可以根据建筑物所在地区和时间实时进行阴影和日照分析;

(10)简便地进行空间尺寸和文字的标注,并且标注部分始终面向设计者。(图3-73)

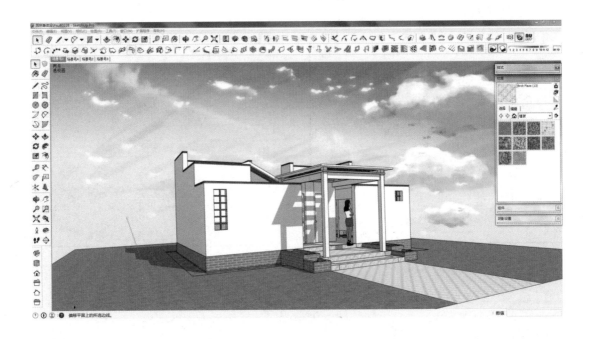

图3-73　白洋村公共厕所su建模界面

SU模型可以直接出立面和剖面图,可以作为成果的一部分。(图3-74、图3-75)

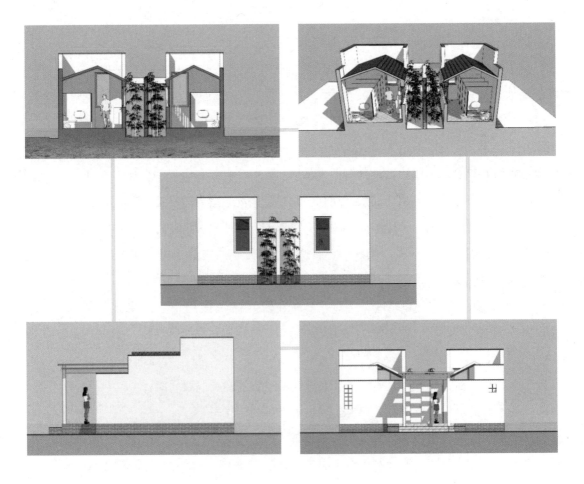

图3-74　白洋村公共厕所SU立面

图3-75　白洋村剧场su建模界面

4. 建模软件3D Max

3D Studio Max，常简称为3D Max或3ds Max，是Discreet公司开发的（后被Autodesk公司合并）基于PC系统的三维动画渲染和制作软件。其前身是基于DOS操作系统的3D Studio系列软件。在Windows NT出现以前，工业级的CG制作被SGI图形工作站所垄断。3D Studio Max +Windows NT组合的出现一下子降低了CG制作的门槛，一开始运用在电脑游戏的动画制作，后来进一步参与影视片的特效制作，例如X战警II、最后的武士等。

3D Max特点分析：

（1）基于PC系统的低配置要求；

（2）安装插件（plugins）可提供3D Studio Max所没有的功能（比如说3DS Max 6版本以前不提供毛发功能）以及增强原本的功能；

（3）强大的角色（Character）动画制作能力；

（4）可堆叠的建模步骤，使制作模型有非常大的弹性。（图3-76至图3-79）

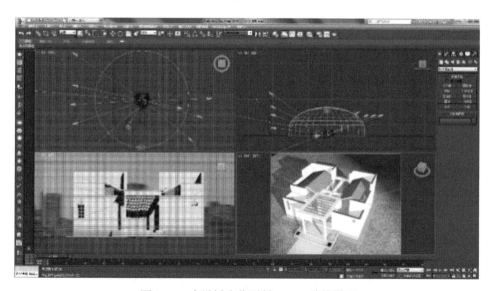

图3-76　白洋村公共厕所3Dmax渲染界面

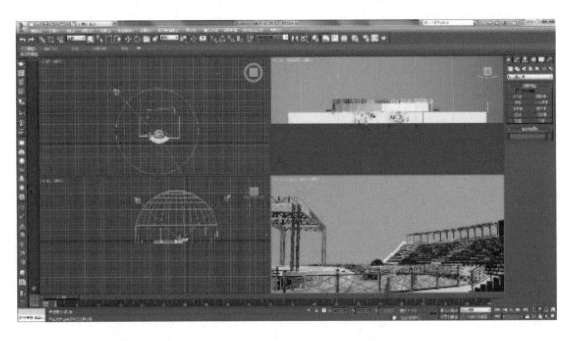

图 3-77 白洋村公共厕所 3D Max 渲染的界面

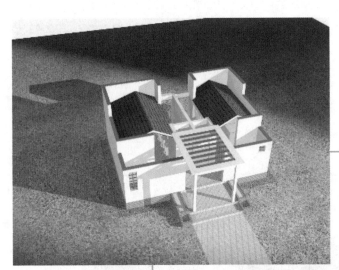

图 3-78 白洋村公共厕所
3D Max 渲染完成

图 3-79 白洋村森林剧场 3D Max 渲染完成

5. 后期处理软件 Photoshop（图3-80至图3-85）

图3-80 白洋村公共厕所 PS 后期

图3-81 白洋村森林剧场 PS 后期

图3-82 白洋村公共厕所成图1

图3-83　白洋村公共厕所成图2

图3-84　白洋村剧场成图1

图3-85　白洋村剧场成图2

3.3.4 小型建筑行为体验表现

1. 建筑生活体验

随着小型建筑的不断发展、类型的增加和规模的增大，建筑的外部形态打破原有单调几何的形态，内部空间也由单一、封闭的空间形态向多元、人性的方向发展。受到现代人文观念和科学技术的影响，建筑空间的概念被大大扩展，一系列复杂的、关联的、多元的和模糊的空间形态开始产生。相应的，新的空间设计手法也应运而生，粘贴、扭曲、波动等设计手法不断地被应用到空间设计中。

现代材料的构造方式和全新的质感肌理也极大地丰富了建筑空间的感官效果。传统的建筑材料只能在静态上丰富空间的视觉效果，在空间的形态上所起的作用有限。但是，新材料的产生，却使组成空间的要素得到了极大的丰富，不仅在视觉上能够影响和改变空间形态，甚至能够直接创造出新的空间形态，使空间具有娱乐性和多元性。

中国台湾国立东华大学环境学院的蔡建福老师的"自然建筑"，如图3-86至图3-89所示。

图3-86 "自然建筑"1

图3-87 "自然建筑"2

图3-88 "自然建筑"3

图3-89 "自然建筑"4

2 建筑美学体验

建筑一旦具有了公共属性，其形体的作用就不仅限于内部功能的从属地位，而是具备了本身的独特功能。公共建筑内部空间和功能所包含的内容都通过建筑的形体传达出来，因此，公共建筑的形体形态便具有了独立于功能、结构、空间之外的生成意义——符号、标志的作用。詹姆斯·维因（Jams Wines）提出的"叙事立面"理论就是把公共建筑定位为一种商品，在建筑的形体设计中，通过一种大众可以理解和接受的方式与人们产生交流。

3. 建筑艺术体验

界面和表皮是建筑界使用频率较高的两个词汇。建筑界面是限定建筑空间的边界要素，是内外空间临界处的构件组合。胡小青在《建筑界面形态研究》中从四个方面论述了建筑界面的存在意义："作为外层围护体系；展示建筑的整体视觉形象；与自然环境和人文环境相关联；与内外空间行为体验关联。"相比之下，与建筑界面概念相近的建筑表皮则更加强调维护结构的实体性。

学习目标

通过国内外优秀的小型建筑的案例，了解小型建筑的类型、尺度、形式；学会如何通过材料和技术的独特性，以及造型上的创新来形成建筑特色；学会功能分区和流线的组织的方法、对场地适应的方式、空间营造的手法、文脉延续的形式等，结合案例提炼出设计手法，可以灵活使用到实践设计中。

重 难 点

重点：小型建筑的功能分区方法，流线的组织形式；掌握小型建筑的尺度感和造型处理手法；布局中呼应场地的人工环境和自然环境的手法。

难点：空间设计的手法，延续文脉的手法。

训练要求

要求学生了解小型建筑的功能分区方法、流线的组织形式；熟练应用小型建筑的尺度感和造型处理手法；布局中呼应场地的人工环境和自然环境的手法。

4.1　国内案例

4.1.1　上海"中国世博会宁波滕头案例馆"

1. 设计背景

此建筑是为上海世博会而设计的乡土馆，位于上海世博园区的城市最佳实践区北部，与西安大明宫展馆和沙特麦加馆为邻。

2. 设计目标

延续历史文脉，充分展现宁波村的乡村文化，同时延续中国传统文化中的山水意境，营造一个诗意的建筑。

3. 建筑功能

馆内布置有"天籁之音""自然体验""动感影像""互动签名"等特色展区。"天籁之音"的创意来自中国独特的二十四节气文化，游览者在展厅内可以听到二十四节气的"天籁之音"；在"自然体验"区，游览者可以体验到滕头馆独特的自然环境，同时也能感受到乡土气息。

4. 建筑特点

宁波滕头案例馆是由中国第一位获得普利兹克奖的本土建筑师设计，是为上海世博会而设计的乡土馆，有着世界第一乡土馆的美誉。博物馆的总建筑面积为 1200m²，滕头馆整体外观方整简洁，但是内部空间丰富多变，打动人心的空间都是包含在建筑的内部，室内外空间类型具有强烈的对比效果，趣味性很强。

设计者采用一个个小的历史碎片，拼贴出新的形式，王澍认为：古建筑的材料就是活着的历史，他在滕头馆的设计中充分地体现了这一观点。整个建筑有两层，江南民居的氛围很浓郁。整个建筑是一个长方形围合而成的空腔，下面是展示空间，上面是景观园林，游览者可以由地面的小径盘旋而上。建筑的长向的墙是实墙，短向的开异形的洞口。

整个建筑的高度为 13m，长约 53m，宽约 20m，在屋顶上种植树木，高约 10m。建筑的外墙是由 50 多万块废旧的瓦片和砖块堆叠而成，包含有元宝砖、龙骨砖、屋脊砖等种类，所用砖瓦的历史都很久远。在建筑内部的混凝土墙上采用宁波独有的竹片模板浇筑而成，在墙面上展示的是竹片的纹理，充分显示出宁波的地域文化。该建筑是上海世博会的临时建筑，于 2015 年 3 月 17 日被拆除，同时将建筑材料运回宁波滕头景区，进行重建。（图 4-1、图 4-2）

图 4-1　材料纹理效果

4.1.2　北京"长城脚下的公社——二分宅"

1. 项目背景

长城脚下的公社坐落在长城脚下的 8km² 的美丽山谷，山水间二分宅（也有土宅之称）就是其中的公社之一。公社位于八达岭高速水关长城出口，土宅位于核桃沟，其中所有的建筑都是约请亚洲地区 12 位著名建筑师设计和建造的世界前卫建筑工

图4-2 透视图

程项目。项目基地可以看到未经修复的古长城，并有小径通往长城。自然地理环境优美，区域的历史文化氛围也非常浓厚。

2. 设计目标

充分使用优美的山谷景观，同时传承悠久的中华建筑营造技艺；体现出建筑设计的超前理念，可以引领小型住宅建筑的发展趋势。

3. 建筑功能

二分宅提供24小时客房专业管家服务、俱乐部设施及会议礼宾部服务，可以举办小型会议、私人聚会等。土宅是一个独立小院，面山而卧，总建筑面积为449.136m²，共有4间卧室，其中两间带有独立卫生间，每一间卧室均带有独立露台。客厅阳光充足，空间错落有致，一个玻璃卫生间连着两个有客厅的房间。

4. 建筑特色

二分宅的设计师是张永和，设计中体现建筑本土化和回应环境等观念，使用低技术的策略去表现建筑的地域性。设计者在两个层次体现二分的建筑特点，第一，由传统的四合院形式，被一分为二；第二，建筑拥抱山谷形成庭院，这是第二个二分。一部分引入丰富多样的景观河和空间形式，展现出古代的文人墨客眼中的山水意境。在建筑的内部，有一条小溪进入建筑内部，在建筑的入口处的玻璃地板下闪闪发光。建筑庭院是由一侧的山体和另一半的建筑部分共同围合塑造的半人工半自然的空间，巧妙地化解了基地环境和建筑的矛盾，同时庭院空间和平台的灰空间尺度十分宜人。

二分宅可以很好地适应各种类型的地形，因为两个半间的角度是可以调整的，根据具体的地形情况，二分宅可以变形为单栋的，或者垂直和平行的各种建筑形态。

通过低技术的手段，在技术层面体现地域性，其具体策略为使用中国传统的生土建筑建造技术中的土墼厝来建造承重墙。土墼厝是一种失传已久的建筑技术形式之一，具体建造的方式是在盖土墼厝的时候，离地迭上大概一尺高的石头，再把土墼迭上，一尺高的石头最主要是防止潮湿。土墼慢慢地迭上，而土墼和土墼之间用黏土接着，每迭五层的土墼，就要加上长竹片增加其拉力防止地震。当墙已砌好，必须外刷灰泥、白粉，免受雨水淋刷崩落。土墼厝使用的材料为黏土、稀泥、砂、稻草(长度为一两吋)、粗糠、牛粪（后期采用纤维质较多的植物来取代）、水等。通过建造工艺的步骤和材料，充分体现出对环境较小的破坏，同时具有夏凉冬暖的优点，符合生态学节能、环保的理念。

　　基于结合传统建筑的建造方式，设计师充分表达了对创造现代中国民居的意图，是对中国传统土木建筑的当代诠释，而非陷落于盲目仿效古建筑形象的窠臼中，值得新生代的建筑师去学习和思考。(图4-3至图4-8)

图4-3　建筑被一分为二

图4-4　夯土山墙

图4-5　建筑与环境高度融合

图4-6　二分宅入口透视

图4-7　室内客厅

图4-8　观景平台

4.1.3　云南"杨丽萍艺术酒店——双廊客栈"

1. 项目背景

千里走单骑·杨丽萍艺术酒店原为著名的舞蹈艺术家杨丽萍女士的私人别墅（太阳宫），于2009年交由千里走单骑酒店管理公司投资建为一座精品酒店。项目位于云南大理市双廊镇玉几岛上，玉几岛是三面环洱海的半岛，洱海的西侧有苍山横列如屏，东侧有玉案山环绕衬托，空间环境极为优美。岛上的古渔村有着悠久的历史，民风淳朴，鱼虾水产种类丰富，项目基地的人文环境也颇为优越。

2. 设计目标

本设计性质为将艺术家别院改建为酒店，设计中既要保留艺术家别院整体的艺术氛围，同时也要满足酒店居住、会议、交往等功能需求；基地周边有着优质的自然环境和人文环境，在设计中应该充分呼应环境。

3. 建筑功能

主楼高三层，副楼高四层，客房总数为7间（套），单套的面积均为200~300m²。酒店设有独立的酒吧和咖啡厅以及下午茶区域，同时具有垂钓的功能。单套客房有客厅、茶室、书房、次卧等多个空间，可满足一家人或是同行好友欢聚，共享完美度假。

4. 建筑特色

本项目由白族著名的画家赵青主持设计，杨丽萍也参与到设计之中。错落设计的复式空间如梦似幻，落地窗三面环海，兼顾室内东边观日出西边赏日落，随处可将苍山洱海无限风光一览无余，杨丽萍女士的私人收藏完美布置于客房内。硕大的礁石被建筑围合在室内，成为客厅的背景墙，使室内空间具有浓郁的自然气息。酒店位于半岛最临海的一端，整个建筑依岛岸而建，与礁石林木融于一体，掩映在繁花绿叶之间，杨丽萍艺术酒店有着双廊最美酒店的美誉。（图4-9至图4-13）

图4-9　建筑充满中国山水画的意境

图4-10　客厅内部富有自然气息

图4-11　建筑细部处

图4-12 建筑与自然和人工环境的高度融合

图4-13 建筑与礁石林木融为一体

4.1.4 武汉"江夏小朱湾"

1. 项目背景

江夏，地名始于西汉，失于东晋，一改于隋，二改于民国，定今名于20世纪末。小朱湾位于江夏梁子湖国际旅游休闲度假区核心区的五里界街，是个占地785亩、拥有32户村民的美丽村湾。

2. 设计目标

小朱湾村庄改造设计的目标是："看得见山、望得见水、记得住乡愁"的"示范村"，强调一种农耕文化背景下新农村建设的美好愿景。房屋错落有致，古树绿植成荫，毗邻薰衣草风情园和七彩花海景区，与花博园遥遥相望。周边被层层叠叠的花卉和树木包裹着，小朱湾仿佛生在一片花团锦簇和碧波荡漾之中。

3. 建筑功能

在公共建筑方面，小朱湾利用三间单层砖房及一片竹林建设乡村客栈。设计思路是希望利用原有旧房周边的竹林，使客栈掩映于竹林中，定义为"竹林客栈"。把改造重点放在庭院上，营造出可经营的室外开放空间。将建筑四周空地进行打造，与建筑南北房门串联起来，形成开放庭院。在南北庭院入口处各增加一个招牌木构门头。庭院布置室外休息座椅和遮阳伞，边缘地带栽种盆栽蔬菜和花果木，废旧水缸种香水莲花等。

4. 建筑特色

荆楚风格特征：基本材料选择传统的砖、瓦、石、土、木。在式样上，村标采用大悬挑屋顶，木构下面为收分的灰砖砌小高台，加上一些横插的方木和红砖花作为点缀。景观院墙突出了几种乡土材料的变化组合，一段墙上尽可能把细节做足，坛坛罐罐嵌在墙上成了装饰，旧砖瓦铺就路面。漫步在院落之中，仿佛置身于陶潜笔下的世外桃源之境：土地平旷，屋舍俨然，有良田美池桑竹之属。沿着鹅卵石铺成的小路径直走到院落的尽头，视野豁然开朗，一片荷塘映入眼帘：江南情韵收眼底，荷塘馨语醉东风。（图4-14至图4-17）

图4-15　小朱湾农家乐

图4-14　小朱湾湖北摄影实训基地

图4-16 小朱湾农家乐局部空间

图4-17 小朱湾农家乐局部空间

4.2 国外案例

4.2.1 西班牙"都市阳伞"

1. 项目背景

都市阳伞坐落于西班牙塞维利亚的道成德拉恩卡纳西翁广场（La Encarnación）。塞维利亚是西班牙安达鲁西亚自治区和塞维利亚省的首府，是西班牙唯一有内河港口的城市。塞维利亚古市区的建筑仍然保留着公元前7世纪摩尔人统治过的痕迹。基地位于一片高密度的古城住宅区之中，周边环境复杂，老建筑众多，有着非常浓郁的人文景观。

2. 设计目标

塞维利亚是一个有着悠久历史的文化名城，著名的旅游目的地。通过设计呼应塞维利亚深厚的文化底蕴，成为城市新的地标，提升整个区域的空间品质，激发空间活力。

3. 建筑功能

都市阳伞共有四层，地下为古物陈列馆，展出在此发现的罗马和摩尔遗址。一楼为农贸市场，二楼为高架露台，三楼为餐厅和酒吧，可供观赏市中心优美的城市景观。同时给城市提供公共休憩和交流的空间，有着"城市客厅"的功能。

4. 建筑特色

都市阳伞由德国建筑师于尔根·迈耶–赫尔曼（Jürgen Mayer–Hermann）设计，长为150m，宽为70m，高为26m，是世界上目前最大的木构建筑，同时也是现代最大、最具创意的木质结构之一。

造型设计的灵感源自于塞维利亚大教堂和垂榕，使用Rhinoceros和Grasshopper等软件，用参数化的方法设计出建筑造型，整个造型独特、新颖，建筑形态与城市肌理形成了鲜明的对比，具有解构主义作品的特点。都市阳伞作为一个地标建筑，象征了塞维利亚的文化内涵，其独特的造型吸引了众多的游客，巩固了其作为城市地标的地位，同时成为塞尔维亚旅游的重要吸引物，为人们创造留恋的机会，为商业创造诱人的机会。

都市阳伞工程规模浩大，使用了最新的环保木材和技术。大阳伞拔地而出，成为历史和现代之城之间的一个里程碑，用独特的建筑语汇联系地域文化和现代商业；同时为城市提供了高品质的交往空间，增强了城市的标识性，可以称之为塞尔维亚的"城市标志物"。（图4-18至图4-20）

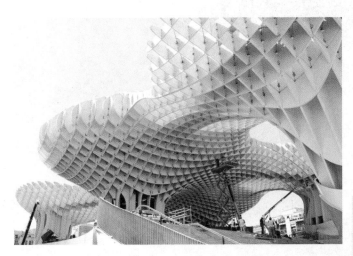

图4-18 一楼农贸市场透视图

图4-19 整体鸟瞰图

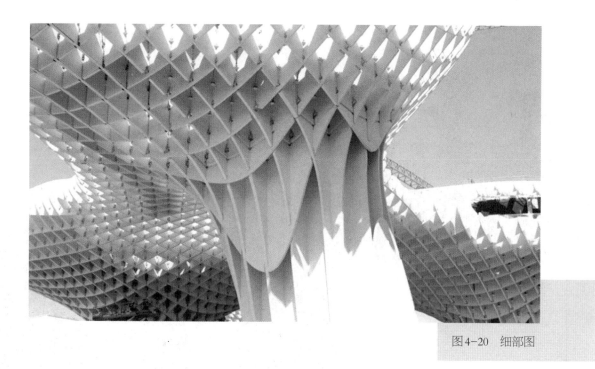

图4-20　细部图

4.2.2　新加坡"超级树"

1. 项目背景

超级树（Solar Supertrees）是新加坡海湾（Gardens by the Bay）项目中的一组景观建筑。其中新加坡海湾项目是新加坡最大的海滨发展景观项目，由国家支持，这是世界上最大的景观项目之一，位于正处在不断开发中的滨海湾中部，整个公园是占地613亩的巨大温室，超级树所处的公园尺度巨大。

2. 设计目标

整个景观建筑要适应巨大的花园尺度，整体效果应宏大气派，成为公园的视觉落点和整体布局的构图中心；基地位于花园之内，植物繁多，建筑造型要很好地呼应公园的整体特点，突出公园的特色，同时成为新加坡的标志性建筑。

3. 建筑功能

花园有两个大温室，一个是荫凉干爽的环境，另一个是潮湿荫凉的环境，其中还包含种类繁多的主题花园和植物园，里面种植着来自世界各地的成千上万株植物。超级树充当垂直花园，收集雨水，利用太阳能光伏电池发电，同时充当温室的通风管道，还具有观光的功能，超级树的顶层设有观景平台，可以俯瞰周边的城市景观和新加坡海湾和花园的自然景观。

4. 建筑特点

超级树为一些高25~50m的树状结构，是整个花园最引人注目的因素，在超级树结构上生长着垂直花园。其有攀缘植物、附生植物和蕨类等植物生长在上面。白天，这些结构的阴影给花园带来荫凉的户外空间，同时在夜间，这些结构发出光辉。一条柔美飘逸的人行高架桥凌空穿梭在这些结构间，给人们全新的视野，可以在不一样的角度观察花园和海湾，给游览者一种独特的观光体验。（图4-21至图4-24）

图4-21　超级树

图4-22　超级树夜景

图4-23　超级树夜景

图4-24　超级树夜景

4.2.3　丹麦"筒仓改造"

1. 设计的背景

该筒仓在哥本哈根十分有名，是Nordhavnen地区的象征性建筑。它拥有伟岸的细长结构，是Nordhavnen地区最大的工业建筑，此地区很多的工业建筑都被保留下来，其中包括旧筒仓。位于厄勒海峡与哥本哈根交接处的筒仓也是该区工业景观的地标式建筑。

2. 设计目标

筒仓改造项目探索如何在保留旧工业建筑灵魂的同时结束原功能开启新功能，如何继续成为地区现代化的地标式建筑。

3. 建筑功能

筒仓的改造包括两个部分：私人住宅部分和公共部分，所有的功能区确保建筑全天保持活跃。此外，顶层和底层的公共区域为不同的使用者带来不同的体验。在顶层可以俯瞰哥本哈根全景，这是建筑为所有哥本哈根人提供的特色福利。筒仓作为私人住宅的同时也欢迎所有哥本哈根人的到来，它是矗立于城市中的公共筒仓。筒仓的地面层和顶层将成为餐厅和举办展览、活动及会议公共区域。

4. 建筑特点

本设计是由丹麦公司COBE主持设计，COBE也是Nordhawnen地区的城市规划的事务所。设计中通过改造现有的建筑表皮，丰富筒仓的外立面，赋予整个筒仓居住的功能；并结合实际的功能，在外立面采用交错韵律的手法增加阳台，既丰富了建筑的外立面，也增强了建筑内外空间的交流。改造后的筒仓由粗野主义风格的工业建筑改变为现代风格的居住建筑，整体形象也由笨重的感觉变成轻盈静谧的感觉。

这座62m高的17层筒仓将成为哥本哈根新社区的天然地标。筒仓储存和处理稻谷的原有功能让每一层的筒仓空间都不尽相同。改造后的筒仓将容纳40间各具特点的公寓，公寓自下而上错置分布，楼层高度可高达8m，面积从80m²至800m²不等，分为单层和双层两种模式。每间公寓都设大面积全景窗户以及可以眺望哥本哈根天际线和厄勒海峡的阳台，在公寓内可以看到混凝土柱和墙壁等筒仓的原结构。（图4-25至图4-29）

图4-25　筒仓改造

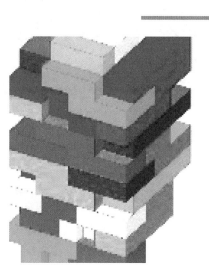

图4-26　筒仓改造

图4-27　筒仓改造　　　　　　　　　　　　　图4-28　筒仓改造

图4-29　筒仓与基地环境的关系

4.2.4　瑞士"苏黎世动物园大门重建项目"

1. 项目背景

苏黎世动物园于1929年对外开放，是欧洲最好的动物园之一。苏黎世（Zurich）是瑞士联邦的第一大城市、瑞士苏黎世州首府，苏黎世动物园是一座天然动物园，距离苏黎世市中心约3.5km处的苏黎世伯格，处于约海拔800m处，动物尽量在自然的环境中饲养。安第斯山脉高原、喜马拉雅山脉、亚洲潮湿地带、南美雾林和雨林等构成了苏黎世动物园的自然风景，生活着小羊驼、小熊猫、眼镜熊和绢毛猴等。造型独特的展馆内，饲养着热带雨林鸟类、猿类、爬行动物以及其他种类的动物，生活环境仿照它们栖息地的自然环境而建造。

2. 设计目标

重建项目呼应原有的建筑形态；符合苏黎世动物园自身原生态的建园理念，充分反映建筑、动物、人、环境的高度协调；引导参观人员进入各个功能分区。

3. 建筑功能

建筑性质的大门，主要的功能为空间组织和动物园的标示性。新大门开放直观的拥抱到访客人，并将访客引流至各个定位清晰的功能区：前院、柜台、游客中心、动物园店、动物馆、咖啡馆、志愿者中心以及动物园电车站。

4. 建筑特色

苏黎世动物园大门重建方案由L3P建筑事务所设计，设计中采用具有灵动的弧形曲线，定义出极具动感的弧形墙面，同时大门顶棚开设圆孔，种植树木，赋予门区空间以自然的氛围，这种处理手法呼应了苏黎世动物园将动物在自然中饲养的特点。建筑整体采用纯白色，大门中间的植物为绿色，两者之间在色彩上形成鲜明的对比，相互衬托。设计手法简洁大气，拓展了大门的设计思路和方法。同时在室内设计中采用仿生学的手法，提取猎豹有机皮毛的纹理，在刨花板上使用参数化的方法生成弧形背景墙，既与大门弧形建筑造型相一致，同时也与动物园的主题相切合。（图4-30至图4-33）

图4-30 苏黎世动物园大门重建项目

图4-31　室内参数化吸音墙

图4-32　苏黎世动物园大门外立面

图4-33　苏黎世动物园大门外立面

第5章　部分普利兹克奖获得者案例赏析

通过普利兹克奖获得者的案例赏析，了解王澍、贝聿铭、安藤忠雄、扎哈·哈迪德四位大师的设计风格：王澍的苏州大学文正学院图书馆、三合宅、金华瓷屋、宁波五散房；贝聿铭的卢浮宫玻璃金字塔、美秀美术馆、澳门科学中心、苏州博物馆；安藤忠雄的住吉的长屋、风之教堂、城户崎邸、富岛邸；扎哈·哈迪德的奥地利因斯布鲁克的滑雪台、德国的维特拉（Vitra）消防站、法国斯特拉斯堡的电车站、北京银河SOHO。

重 难 点

重点：王澍、贝聿铭、安藤忠雄、扎哈·哈迪德四位大师的设计风格。

难点：王澍、贝聿铭、安藤忠雄、扎哈·哈迪德四位大师的设计精髓。

训练要求

要求学生了解王澍、贝聿铭、安藤忠雄、扎哈·哈迪德四位大师的设计风格及其设计精髓；能够欣赏普利兹克奖获得者的经典案例。

5.1　王　澍

王澍生于1963年11月，现任中国美术学院建筑艺术学院院长，博士生导师，建筑学学科带头人，浙江省高校中青年学科带头人。王澍是当代中国建筑界走地域化的代表人物，被誉为"建筑界最具有中国传统文人特质的建筑师"，故而其建筑具有浓厚的中国文人品质。2012年2月27日，王澍获得了2012年普利兹克奖，成为获得这项殊荣的第一个中国公民，主要作品有世博会宁波滕头案例馆、宁波博物馆、宁波美术馆、苏州文正学院图书馆和中国美术学院象山校区等。

王澍在现代建筑中融合与延续中国文人建筑传统的探索，并将几代人的探索引领到了一个新的高度，同时其作品也是西方建筑思想和中国传统建筑思想对话和交流的结果。

王澍既是一个建筑师，同时也是一个文人、学者和教育者。王澍说："在作为建筑师之前，他首先是一个文人。"文章《走向虚拟之城》和书籍《设计的开始》，字里行间流露出强烈的文人气质。王澍常被称之为游走在建筑设计领域边缘的建筑师，他和妻子陆文宇创立的业余工作室，追求真知灼见，表现出务实派的作风，设计思想丝毫没有受学院派教育的禁锢，对待建筑设计可谓是一位脚踏实地的学者。王澍在《同济记变》中记载："在同济大学任职期间，带领学生在学校草地上上课，让学生以不一样的形式去接受知识，同时学会思考，但是饱受学院老师们的争议。"在中央美院，王澍实现了他的教育理想，他是一个特立独行的人，坚持自己的建筑和教育理念。他主张让学生去中国传统园林中切身感知什么是设计，为什么而设计，怎样去设计。在设计实践中王澍让学生去收集场地的声音、制作1∶1的墙体模型，让学生学会怎样用心去体验和营造建筑，而非像其他一般的老师一样，关注学生什么时候可以成为注册建筑师。

王澍说："用智慧的方式让古代建筑师那些有尊严的材料复活"。在王澍的作品之中，通过收集古建筑上的砖、瓦、废旧的构件（器具）和天然石料，对旧材料进行升级利用，把这些旧材料运用到建筑的外立面、屋面、内墙面、铺地和环境小品之中。建筑师张雷认为王澍的作品包含有情趣和诗意、体验与营造、简单与直接。能够将乡土、村落这样小尺度的东西转化为大体量的抽象形式，而且还让人感觉到传统的意味而非形式，正是王澍的贡献所在。

王澍尝试在设计中发掘出符合中国人生活方式和审美倾向的空间意象，在"垂直四合院"的设计中，王澍设计的高层住宅建筑，每户都可以有一片庭院；同时从中国传统的山水画中提取设计理念，营造出水墨画的意境，在中央美院象山校区的设计中借鉴了北宋王希孟的《千里江山图》的意境，在宁波博物馆中也能感受到南宋李唐《万壑松风图》的气势。

在设计中，王澍注重对时间元素的注入，如在浙江杭州南宋御街的设计中，保留了考古现场，行人在购物的同时可以直观地看到不同朝代的石板、砖块，在现代城市生活之中提供与过去对话的场所。在宁波博物馆中大量使用旧砖块、瓦，也是在设计中植入时间要素，游览者可以通过博物馆建筑本身跨越时空的界限与历史对话。

5.1.1 苏州大学文正学院图书馆

1. 项目背景

本项目基地位于苏州大学文正学院翠微湖畔，苏州大学文正学院地处古城苏州西南的吴中区，占地815余亩，东临越湖公路，西傍吴山，北靠石湖和上方山国家森林公园，景色优美，环境怡人。

2. 建筑功能

为学生提供上网、阅览、计算机课程学习等多种服务，总建筑面积为9600m²。

3. 设计目标

苏州大学文正学院是苏州大学设立的战略窗口，图书馆要成为一个有代表性的建筑；建筑位于苏州古城的吴中区，如何呼应粉墙黛瓦的苏州民居，延续苏州历史文脉；建筑基地位于翠微湖畔，设计中如何呼应水环境。

4. 建筑特色

如何让人生活在处于"山"和"水"之间的建筑中，以及苏州园林的造园思想是设计这座图书馆的背景。基地北面靠山，山上全部为竹林，南面临水，一座由废砖厂变成的湖泊，全为坡地，南低北高。南北向进深浅，东西向以水为界，曲折狭长。

按照造园传统，建筑在"山水"之间最不应突出，这座图书馆将近一半的体积处理成半地下，从北面看，三层的建筑只有两层。矩形主体建筑既是飘在水上的，也是沿南北方向穿越的，这个方向是炎热夏季的主导风向。值得强调的是，沿着这条穿越路线，由山走到水，四个散落的小房子和主体建筑相比，尺度悬殊，但在这里，可以相互转化的尺度是中国传统造园术的精髓。"苏州大学文正学院图书馆"获"2003年度中国建筑艺术奖"。(图5-1至图5-4)

图5-1　苏州大学文正学院图书馆透视图

图5-2　苏州大学文正学院图书馆远景

图5-4　苏州大学文正学院图书馆夜景

图5-3　苏州大学文正学院图书馆局部

5.1.2　三合宅

1. 项目背景

项目基地位于江苏南京浦口的老山，老山是珍贵的森林氧吧，建筑位于佛口湖附近，具有原生态的美丽意境。佛手湖附近有一处类似京城"长城脚下的公社"的当代建筑群。24位中外著名建筑师将他们的得意之作陆续展现在佛手湖畔700亩土地上，个性的作品与美丽的佛手湖、老山相映成趣。

2. 设计目标

项目所在地是旅游养生的绝佳之处，如何与基地的产业氛围相一致，南京是国家级的历史文化名城，呼应历史，营造独特的东方禅境。

3. 建筑功能

建筑性质为别墅，功能包括客厅、会议室、娱乐室、卧室、厨房等，总建筑面积为655m²。

4. 建筑特色

这个三面围合一面开敞的建筑，在空间上是内聚和封闭性的，在形态上保持建筑与空间的连续性，这种连续性不仅在于建筑本身，也体现在建筑与城市的关系上，是设计者对于"中国房子"范形的一次具体的操作。它的显现与修正出自很具体的功能与构造问题，例如屋面的做法，为了解决雨水的排泄，双曲面人字坡上翘屋檐就是一种自然的选择，在这里，造型的考虑是次要的。

房子的基本状态"睡着了"，建筑师引入了"席居"的生活制度。房子与居者同为"梦游者"，空间形态与人的身体做缓慢、沉重、颠簸着的却没有中断的移动。房子中间围着一方浅池，水波、睡者、房子互相荡漾，温暖的目光看着周围世界的流衍。富有特色的要算对大屋檐"有碍观瞻"的大树。为留下这棵树，王澍居然让树穿破屋檐，全然不顾是否构成对建筑外观的审美影响。这种质朴的建筑思想以及对环保理念的信守，展现了一个建筑师对自然的敬畏之情。

在材料方面，使用了产自苏州的水磨清砖贴面，以及切割打磨的大青砖等传统材料，以此突出中国特色与东方意境。（图5-5至图5-8）

图5-5
三合宅透视

图 5-6 三合宅外部

图 5-7 三合宅内部

图 5-8 三合宅鸟瞰

5.1.3　金华瓷屋

1.项目背景

金华建筑艺术公园选址确定在金东新区义乌江北岸城防大坝与清照路之间，基地为总长2200m，平均宽度约80m的带状条形地块。该公园是由金东新区政府实施的义乌江北岸滨江绿化带建设工程之一。公园内建设16座小型公建，由10位来自不同文化背景、不同年龄段的外国建筑师以及6位中国建筑师与艺术家完成方案设计。

2.设计目标

建筑师决定把它做成一件器物，如他喜欢的宋抄手砚。设计从何处开始，常是偶然的。

3.建筑功能

"瓷屋"编号为9，是一座100m²的小房子，用作咖啡馆。建筑面积中纯室内面积约90m²，南北檐下面积约40m²。

4.建筑特色

西门边有楼梯可上屋顶，坐在屋顶，可观江上景色。屋内外均贴王澍的陶艺家朋友周武做的瓷片，房子就成了彩色的。色彩无规律地随意帖，陶瓷质地，细碎色点，就和东边艺术家艾未未、西边丁乙的房子构成一种唱和。房子取抄手砚器型，单层，砚首在南，砚尾在北。在室内喝咖啡，就坐在砚池底，东南风吹过，风沿砚坡爬向西北。金华一带多雨，雨沿砚坡自西北下泻到东南。在砚坡顶植几棵大树，坐在室内，视野沿砚坡上移，于一折处失去透视依据，就很深远。东西墙遍开小孔，房子开户牖以为器，孔小称窍，是为风与光线而开，也强调房子的方向性。（图5-9至图5-13）

图5-9　金华瓷屋模型

图5-10 金华瓷屋局部空间　　图5-11 金华瓷屋局部空间　　图5-12 金华瓷屋局部空间

图5-13 金华瓷屋底层空间

5.1.4 宁波五散房

1. 项目背景

宁波五散房是中国建筑师王澍和搭档陆文宇在宁波鄞州公园内设计的五幢实验性建筑。建筑手法包含"瓦爿墙"、异形结构和传统的夯土技艺，体现王澍的"新乡土主义"风格。

2. 设计目标

在设计中很好地呼应基地中的水池，同时体现出地域化的特点，即体现建筑的此时、此地、此刻。

3. 建筑功能

建筑包含茶室、画廊、咖啡厅、管理用房。

4. 建筑特色

　　建筑结合当地地貌，以中国传统特色为基础的设计风格，将中国传统的建筑技术与现代的施工相结合。另外一侧的长立面，不同颜色拼贴出来的图案，不太规则的门窗开设，室内的采光部分就靠屋顶与墙面之间稍往里面退的玻璃，材料迥异，体现出对立统一的原则。五个建筑中最出彩的是大跨度坡屋顶形状的画廊，也是混凝土做框架，青砖堆砌立面，附近有些小石头。画廊门口是直接用螺纹钢做的栅栏，与堆砌的青砖一起，原生态框架的混凝土墙搞些模板的孔，条理同样清晰。王澍把几种色调材质和空间都分得清清楚楚，调理明晰，但是现在的使用者为了多利用空间，把临湖的灰空间围了起来，再把红色的墙体换了颜色，建筑马上就变成一块而不是多块了。（图5-14至图5-19）

图5-14　宁波五散房

图5-15　宁波五散房

图5-16　宁波五散房

图5-17　宁波五散房——咖啡厅

图5-18　宁波五散房

图5-19　宁波五散房

5.2　贝聿铭

贝聿铭，1917年4月26日出生于中国广州，祖籍苏州，是苏州望族之后，美籍华人建筑师。贝聿铭曾先后在麻省理工学院和哈佛大学就读建筑学。贝聿铭作品以公共建筑、文教建筑为主，被归类为现代主义建筑，善用钢材、混凝土、玻璃与石材。他的代表建筑有美国华盛顿特区国家艺廊东厢、法国巴黎卢浮宫扩建工程，被誉为"现代建筑的最后大师"。贝聿铭也荣获了1979年美国建筑学会金奖、1981年法国建筑学金奖、1983年第五届普利兹克奖及1986年里根总统颁予的自由奖章等。

建筑设计应该简洁利落、合理、有秩序性，贝氏的建筑物四十余年来始终秉持着现代建筑的传统，贝氏坚信建筑不是流行风尚，不可能时刻变花招取宠，建筑是千秋大业，要对社会、历史负责。他持续地对形式、空间、建材与技术研究探讨，使作品更多样性，更有趣味，更加优秀。贝聿铭在设计阶段，常亲自去考察材料供应厂商，确保设计可以不打折扣地建造出来。

仔细索骥贝氏的作品，不难发现其早期作品中的元素经过千锤百炼、再三运用的例子，如卢浮宫玻璃金字塔内螺旋楼梯与伊弗森美术馆的楼梯；东厢艺廊连接空间的"桥"，早期出现于姜森美术馆，尔后新加坡莱弗市城又加以运用；康州嘉特罗斯玛丽学校科学中心平面与肯尼迪纪念图书馆此案类似。此精益求精，对形式、空间、建材与技术的不断研究，是其建筑水准提升的原因，也是其作品历久弥新的精髓所在，这正是促使贝聿铭在建筑史上名垂不朽，其作品屹立长存的主因。

贝氏在设计时，常常是在方案构思阶段，就把与他合作的结构工程师找来，与他们讨论构思的可能性。结构工程师从它的方案中寻求灵感，新型的结构体系往往在这一阶段产生；同时，他也为建筑师提供结构上的可能性，挖掘结构上的潜力。所以，贝氏的设计总是能非常充分地利用结构、表现结构。

总而言之贝聿铭的建筑设计有三个特色：一是建筑造型与所处环境自然融合；二是空间处理独具匠心；三是建筑材料考究和建筑内部设计精巧。

5.2.1　卢浮宫玻璃金字塔

1. 设计背景

20世纪80年代初，法国总统密特朗决定改建和扩建世界著名艺术宝库卢浮宫。为此，法国政府广泛征求设计方案。应征者都是法国及其他国家著名建筑师，最后由密特朗总统出面，邀请世界上15个声誉卓著的博物馆馆长对应征的设计方案遴选抉择。

2. 建筑功能

高21m，底宽30m，耸立在庭院中央。它的四个侧面由673块菱形玻璃拼组而成。总平面面积约有2000m²。塔身总重量为200吨，其中玻璃净重105吨，金属支架仅有95吨。在这座大型玻璃金字塔的南北东三面还有三座5m高的小玻璃金字塔作点缀，与7个三角形喷水池汇成平面与立体几何图形的奇特美景。

3. 设计目标

满足卢浮宫展览面积不足的功能需求，同时尊重卢浮宫的主体地位，呼应该地区悠久的历史文化传统，在卢浮宫拿破仑庭院给博物馆设计一个有特色的入口空间。

4. 建筑特色

贝聿铭设计建造了玻璃金字塔，他在设计中借用古埃及的金字塔造型，并采用了玻璃材料。金字塔不仅表面积小，可以反映巴黎不断变化的天空，还能为地下设施提供良好的采光，创造性地解决了把古老宫殿改造成现代化美术馆的一系列难题，取得了极大成功，享誉世界。这一建筑正如贝氏所称："它预示将来，从而使卢浮宫达到完美。"这座玻璃金字塔不仅是体现现代艺术风格的佳作，也是运用现代科学技术的独特尝试。(图5-20至图5-22)

图5-20　卢浮宫玻璃金字塔

图5-21　卢浮宫玻璃金字塔　　　　　图5-22　卢浮宫玻璃金字塔

5.2.2 美秀美术馆

1. 设计背景

美秀美术馆（Miho Museum）是位于日本滋贺县甲贺市的私立美术馆。创办人为小山美秀子，美术馆由贝聿铭设计。项目基地远离市区，而且是自然保护区。总面积为17000m²的部分，只允许2000m²左右的建筑部分露出地面，所以美术馆80%的部分必须在地下才行。

2. 建筑功能

美秀美术馆由巨大的北馆和南馆构成，南馆专门展示各国古代的美术品，如埃及、西亚、希腊、罗马、南亚和中国；北馆则主要以日本美术为中心，有时也举办企划与特别展览。整个建筑由地上一层和地下两层构成，入口在一层。

3. 设计目标

建筑基地位于群山之中，建筑应该如何与环境保持应有的和谐，美术馆主要用于展示古代文明的文物，建筑造型应该如何去呼应建筑功能。日本具有悠久的建筑文化，在造型设计中应有节制地体现相应的日本文化。

4. 建筑特色

它建在一座山头上，如果从远处眺望的话，露在地面部分的屋顶与群峰的曲线相接，好像群山律动中的一波。它隐蔽在万绿丛中，和自然之间保持应有的和谐。

在美术馆建设中，专门建造了隧道和直通馆址的公路。沿坡路行不到百米，44根银线放射状地向天空展开，经过一个大半的椭圆形架再紧闭。这些钢丝是在山谷之间吊起一座非对称地长120m的吊桥，桥的另一端便是美术馆的正门。从外观上只能看到许多三角、棱形等玻璃的屋顶，其实那都是天窗，一旦进入内部，明亮舒展的空间超过人们的预想。（图5-23、图5-24）

进正门之后仰首看去，天窗错综复杂的多面多角度的组合，成为你对这个美术馆的重要记忆。用淡黄色木制材料做成遮光格子，而室内的壁面与地面的材料特别采用了法国产的淡土黄色的石灰岩，这与贝聿铭为设计卢浮宫美术馆前庭使用的材料一样。这方面也满足了小山美秀子本人追求一流水平的希望。

图5-23 美秀美术馆鸟瞰

美术馆每一部分均体现了建筑家打破传统的创新风格，由外形崭新的铝质框架和玻璃天幕，再配上 Magny Dori 石灰石，以及专门开发的染色混凝土等暖色物料；还有展览形式及存放装置，都充分表现出设计者匠心独运的智慧。现代建筑有着多元的倾向，其中一个分支是朝着一个可游、可观、可居、可以使精神高扬的场所移行。其实，所谓建筑的真实一定是向你展现易于记忆的空间，或是从未有过的体验。

贝聿铭在设计中展现一个理想的场所："藏"在群山中的建筑，许多中国古代的文学和绘画作品表现出来的意境，走过一个长长的通道，到达一个寂静的建筑处，犹如桃花源记中的世外桃源。（图5-25至图5-27）

图5-25　美秀美术馆中轴

图5-27　美秀美术馆内部空间

图5-24　美秀美术馆通道

图5-26　美秀美术馆屋顶

5.2.3 澳门科学中心

1. 设计背景

位于通往珠江三角洲的中国澳门特别行政区的门户，在香港乘坐渡轮一小时内便可抵达。

2. 建筑功能

23000m²的中心内设置有交互式的展览馆、先进的会议设施与研究室，以及一座设有150座席，并配备高清3D数码播放系统的半球形穹顶银幕的天文馆。其具有最先进国际水准的教育文化设施，顶峰处为观景台，可供游人360°全方位欣赏大海与城市。

3. 设计目标

结合滨水景观成为澳门地区的标志性建筑，建筑功能主要用于展现最先进的科学技术，在建筑造型设计上应充分体现这一特点。

4. 建筑特色

建筑主体包括一个菱形体、一个半球形体与一个倾斜的圆锥体，此设计清楚地演绎了空间实用功能，利用了临水环境而成为澳门持久地标。清晰明确的道路组织平面规划，旨在引导并活跃观光者对科学发现的体验，促进多次的游览。室内色彩与光照层级以及几何构造的模矩强化了对展览的预期与享受。各处通向大海与天空的汇节点，反映出人类的成就及知识与现实世界之间的关系。

包覆着建筑的采华铝金属板饰面，反映并映射着澳门不断变化的气象，使建筑具有了时间性，每时每刻都展现出不一样的建筑形态。（图5-28至图5-34）

图5-28 澳门科学中心模型

图5-29　澳门科学中心正面

图5-30　澳门科学中心透视

图5-31　澳门科学中心透视

图5-32　澳门科学中心内部空间

图5-33　澳门科学中心鸟瞰

图5-34　澳门科学中心鸟瞰

5.2.4 苏州博物馆

1. 设计背景

建筑基地位于苏州，苏州园林众多，园连园，可说是"园林之城"，共一百七十多处，其中包括拙政园、留园、狮子林、网师园、沧浪亭、环秀山庄、艺圃、耦园、退思园。基地位于拙政园和忠王府一侧，均只有一墙之隔。

2. 建筑功能

总建筑面积达 26500m²，其中新馆建筑面积超过 10000m²。共有大小展厅 32 间，文物展示面积 3600m²，展品大约为 1160 件（组）。新馆建筑群由三大块构成，中心部分是入口处、大厅和博物馆花园；西部为展区；东部为现代美术画廊、图书馆、教育设施以及行政管理功能等。

3. 设计目标

在苏州营造一座"新园"，与拙政园和忠王府相互呼应，三者之间可以和谐相处，通过中国传统建筑之中院落式的布局组织空间，呼应苏州民居中的"粉墙黛瓦"的特色，延续苏州园林和文化的神韵。

4. 建筑特色

入口位于中轴线南端，进入主入口之后便到了主入口庭园，再进入大堂，沿中轴线向北就是主庭院，主庭园水中有"凉亭"，还有一条水上小路横跨东西于池上。通过西廊可到西部的博物馆主展区，而通过东廊就进入东部的次展区和行政办公区。这种以中轴线对称的东、中、西三路布局，是与新馆东侧的忠王府格局相互映衬的设计。

从街上看去，建筑群体的高度和与它连接的忠王府的高度相同，只是在造型和色彩上有微妙的差别。由于贝聿铭的设计大量"留白"，因此从远处看上去，建筑非常明亮。那些勾勒白墙的粗细不等的框架和屋顶，都统一在深灰色中，只是和周围那种接近黑色的苏州传统民居色彩略有不同，这种在色彩上的定调，决定了新建筑和环境的协调关系。

在大堂可以眺望隔池的巨大影壁，壁前的假山石不是苏州园林中那种代表性的多孔假山石，而是模仿中国传统山水画中的远山而排列。

博物馆新馆以地下一层、地面一层为主，主体建筑檐口高度控制在6m之内；中央大厅和西部展厅安排了局部两层，高度16m，都没有超出周边古建筑的最高点。

在新馆建筑的构造上大量使用玻璃，采用开放式钢结构，这对中国传统建筑那种压抑的"大屋顶"设计是一大革新。贝聿铭虽然没有全部采用平屋顶这种现代主义风格建筑类型的套路，但是那些出来的"顶"，实际上是为了采取顶光，让强烈的阳光折射到展厅中，既有利于观众观赏展品，又有利于保护文物。

光，在贝聿铭的建筑设计中占有相当重要的角色，无论是他为法国卢浮宫设计的玻璃金字塔，柏林的历史博物馆新馆，还是日本的美秀美术馆，让自然光进入室内是所有这些博物馆建筑的精髓。无论是斜射到墙上的光，还是投射到地面上强烈的光，其光的投射范围形状都非常的锐，这就是贝老建筑中特有的光和形关系。

石材，是新馆建设中使用最多的材料，耗用了将近80m³的石材。苏州传统屋顶铺的都是小青瓦，但是贝聿铭认为，小青瓦容易破碎漏雨，而且要经常更换。为了找到合适的感觉，设计者用水在这些石材上一遍又一遍地浇淋，最终选取了产于山西与内蒙古交界地带的"中国黑"花岗石。据说这种石材，晴天是灰色的，下雨后就变成黑色，太阳日照之后又变成了深灰色。

窗是中国庭院和园林中的"眼"，苏州园林的窗有多重功能。采光只是一个方面，其实它还是借景时的裁剪风景的取景框，然而它又是流动空间的通道。窗上各种仿真图案的花格，又让人产生各种联想，有着诗一样的意境。我们可以把新馆中的窗归成几个类型：正方形、六角形、三角形、花瓣形、长方形。观者通过这些窗截取到室外的风景，以增加体验的层次。

池，在庭园中是空间意义上的"留白"，也是整个新馆的"空心"之处，因为"池"，只可以观，而不可以入。池，占据了整个建筑群中几乎四分之一的面积，所以说这是一座庭园，而非传统意义上的博物馆建筑，是在中国山水画和书法中汲取的灵感。（图5-35至图5-43）

图5-35　苏州博物馆鸟瞰

图5-36　苏州博物馆远景

图5-37　苏州博物馆内庭空间

图5-38　苏州博物馆内部空间

图5-39　苏州博物馆庭院空间

图5-40　苏州博物馆正面

图 5-41　苏州博物馆廊道空间

图 5-42　苏州博物馆庭院空间

图 5-43　苏州博物馆院内空间

5.3　安藤忠雄

安藤忠雄是当代享有盛誉的建筑大师，其成才的特殊经历，给人们留下了诸多思考。安藤1941年生于日本大阪，未受过任何正规的建筑教育，20世纪60年代，安藤通过游历欧美开始自学建筑，1969年开设安藤忠雄建筑师事务所，1979年以"住吉的长屋"成名，住宅代表作还有"城户崎邸"、"小筱邸"、"六甲集合住宅"等，此外还有一系列优秀的小教堂和博览建筑等。安藤的建筑受柯布西埃影响很大，如对空间的诠释、光的应用、混凝土的使用等，但是安藤的建筑从建筑与环境的融合、空间的围合、对光和材料的处理等，又都表现出与柯布的巨大差异。"运用建筑的材料和语言，以及几何学的构成原理，使建筑同时具有时代精神和普遍性，将风、光、水等要素引入建筑的手法，能否创造出植根于建筑场所的气候风土，又表现固有文化传统的建筑呢"，安藤如是说。在安藤的作品中，日本传统建筑如数寄屋、伊势神社、寺庙、民居和农舍的影响以及日本传统文化地融入，使安藤的建筑表现出一种闲静、空寂、单纯的美和诗一般的意境。

安藤忠雄一直是以清水混凝土的诗意般的使用见长，但是在尼泊尔普多瓦妇幼医院的设计中，采用了本地的砖作为主要建材，体现出设计师不是因为追求风格而开始的设计。读安藤的建筑，我们可以感受到建筑与场所的对话、建筑与自然的对话，并随着空间中自然要素的引入，建筑最终实现了人与自然的融合。

在安藤的作品中，安藤也用木材（如西班牙塞维利亚世界博物馆日本馆、光明寺等）和砖（如神户玫瑰园、尼泊尔普多瓦妇幼医院）等材料来表达建筑，但安藤忠雄的作品的主导材料还是混凝土，并且乐此不疲。安藤的素混凝土受柯布西埃的影响很大，但处理方式和表达的却是不同的意义，柯布的建筑通过混凝土的厚重和表面留着脱模的印迹来表达建筑的体量感和雕塑性，而安藤解释，他所寻求的是用混凝土来表达内在的日本，也表达外在的日本。日本人习惯在建筑中使用木材和纸，所以有着对材料的温和感和轻柔感倾向，所以安藤希望可以将混凝土表面处理得光滑细腻，以此符合日本人的内心所追求的材料性质，表达出内在的日本。

安藤作品中的墙，所显示的更多的是一种内向性。他的建筑，一开始就力争给自己从都市中限定一处场所，继而封闭起部分，而这种围合起来的住宅给住户创造的是一种清静、平和、舒适和内省的空间，并表达出传统的东方精神。

光对于安藤的建筑作品，是"与自然对话"设计理念中最重要的组成部分之一。在安藤的诸多作品中，通过墙面或顶面有节制的开口，把光引入建筑的内部空间中，光因为黑暗的存在而显得清晰。"在黑暗中，光显出宝石般的美丽，人们似乎可以把他握在手中，光挖空了黑暗，穿透了我们的躯体，将生命带入'场所'。"在安藤诗意的表达中，我们感悟到了光对于安藤建筑空间生命的力。安藤"非常重视在'场所'和'时间'中的自然光线，它能在我们的建筑环境中的任何地方与我们交谈。通过精确的研究和细致的观察，我寻求将光以一种独特的方式导入室内以表现空间的深度，创造丰富和激动人心的场所。"在日本传统民居中光线都是通过格栅间接的照射到室内，而西方则更倾向于光线直接进入室内，安藤从光的角度也展现出内在的日本。

安藤的建筑自然是现代性的，他使用现代的材料、现代的设计构成手法，来体现日本传统的精髓。

"运用现代建筑的材料和语言，以及几何学的构成原理，使建筑同时具有时代精神和普遍性，将风、光、水等自然要素引入建筑的手法，能否创造出植根于建筑场所的气候风土，又表现出固有文化传统的建筑呢？""我认为，不应该继承传统的具体形态，而是继承其根本的精神性的东西，将其传承到下一个时代。"安藤的建筑作品阐述了安藤的追求，这种追求的内在精神是建筑的灵魂。

安藤酷爱家乡的数寄屋文化，其所表达的自然观和美学极大地影响着安藤的作品，使之表现出禅的意味和诗意的美，以及一种宁静、闲适、平和、清远、空寂的意境，而这种美在安藤作品之中是抛却了外在的形式上的追求，通过混凝土的精致、清风的柔情、光和影的朦胧与动人、细雨丝丝以及风声、雨声、鸟鸣等来表达日本文化中禅的意境。在安藤建筑的空间中行走，仿佛听见风过竹林的声音。

5.3.1 住吉的长屋

1. 设计背景

长屋在日本京都大阪是比较普通的一种住宅形式。基地非常狭窄，占地面积仅57m²，同时又是三幢连排的长屋的中间单元，所以施工非常困难，因为长屋在结构上是连续的，所以在设计时要给予足够的重视。

2. 建筑功能

平面上分成三等分，中央有一庭院，庭院占据了约1/3的基地。为了使内部空间做得尽可能大，建筑骨架与隔壁房屋之间的间距在结构施工允许范围内做到只有0.18m。平面上分成三等分，中央有一庭院，庭院占据了约1/3的基地，从庭院可以进入所有房间。在一层，庭院的一侧是起居室，另一侧是厨房、餐厅和浴室。在二层，庭院将主卧室和儿童房分开。

3. 设计目标

为了使内部空间尽可能大，创造一种能让建筑之力和自然之力在矛盾之中共生的环境，再用几何形体及纯粹空间诠释本土文化及其对光的别具匠意的运用，体现柏拉图几何形体及其构成的"纯粹空间"，有所扬弃的继承数寄屋的传统，用一种现代的新的建筑语汇去诠释其中所包含的一些基本特征，也要继承传统长屋狭长的特点。

4. 建筑特色

在住吉长屋中，安藤首先是强调"万神庙"的闭合性场所性格，形成一个"内包式"的混凝土方盒子空间，然后在盒子的内部通过他精心安排的"光庭"水平地、分层地展开数寄屋的空间。

住吉的长屋中的空间，内中可以产生功能以外的生活乐趣，光与影的运用，给静止的空间增加了动感。光的流入给无机的墙面以色彩和生机，同时也软化了材料的质感。"在这些稍感冷寂的空间中，由于光的停留，淡化了素材感，向一个开放的透明而轻柔的空间转移"。在住吉的长屋中，内部装修使用的材料均为自然材料，家具材质采用木质材料，地面为石材或木材。显然，安藤在其设计构思时所考虑到的是本土人民对自然的热爱，因此在这抽象封闭的"盒子"中，手摸得到的家具和脚可以踩到的地面全部采用自然材料，从而体现出建筑内在与自然的互动和慰藉，同时也充分体现材料的真实美感。

空间的几何单纯性和可识别性，不拖泥带水，干净利落。这种带有极少主义色彩的建筑创作概念在当代可以说是独树一帜，具有鲜明的特色，追求纯粹几何形体的空间美感。

安藤所谓的自然，并非泛指植栽化的概念，而是指被人工化的自然，或者说是建筑化的自然。他认为植栽只不过是对现实的一种美化方式，仅以造园及其植物之季节变化作为象征的手段极为粗糙。光线、水流与风雨，这样的自然是由素材与以几何为基础的建筑体同时被导入所共同呈现的。(图5-44至图5-52)

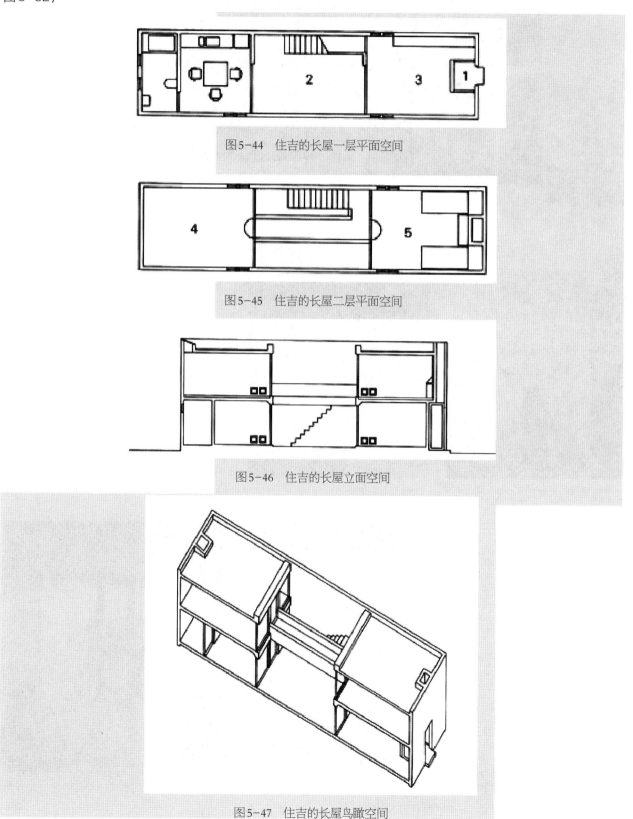

图5-44　住吉的长屋一层平面空间

图5-45　住吉的长屋二层平面空间

图5-46　住吉的长屋立面空间

图5-47　住吉的长屋鸟瞰空间

图5-48　住吉的长屋剖面空间

图5-49　住吉的长屋局部空间

图5-50　住吉的长屋局部空间

图5-51　住吉的长屋内部空间

图5-52　住吉的长屋内部空间

5.3.2　风之教堂

1. 设计背景

其地理位置位于日本神户（Kobe），是一个位于日本西部近畿地方兵库县的都市，是兵库县的县厅所在地，位于日本四大岛中最大的一个岛——本州岛的西南部，西枕六甲山，面向大阪湾。基地处于海拔800m的临海峭壁之上，周边森林茂密。

2. 建筑功能

于对地形的考虑，教堂呈"凹"字形，包括正厅、钟塔、"风之长廊"以及限定用地的围墙。

3. 设计目标

区别于普遍意义上的教堂，不趋于神秘主义和纪念性，应符合东方自然审美的趣味；具有丰富的空间和诗意的建筑语汇。

4. 建筑特色

风之教堂（六甲山教堂）主体部分包含2个6.5m直径的概念球体，构成了大师心中的"纯粹空间"。再转90°，便能直面圣坛——因为受地形、植被限制导致的一个180°转向的教堂入口。入口运动路线的曲折，与长廊直截了当的简洁表达形成鲜明反差，丰富了空间形式。

"风之长廊"：总长达40m，由一系列2.7m见方的混凝土构架组成。顶棚由玻璃天窗和"H"形联系梁构成1/6圆拱状顶。柱廊的序列特点充分利用结构本身造成的丰富的光影和虚实的变化，使得建筑表达具有相当的叙事性，同自然互相渗透，关系和谐——由于磨砂玻璃的半透处理，大大削弱了光影的眩晕感。另外，安藤曾经为了避免柱子对空间单纯性的干扰而将墙做到与柱子等厚。做这样的取舍，却在另一方面戏剧般地增加了通道的纵深感，使得每前进一步都在积累一份敬畏与思考。

其与一般建筑不同，连廊和围墙在引导和烘托体验空间中占有极其重要的地位。设立连廊的原因是：（1）有隐喻的作用，暗示其是通往神圣地的通道，不同的是安藤巧妙地将其设置成一个充满光、风、自然的通道。（2）在日风建筑中，强调的是建筑和地形的融合（即建筑呈水平方向而非竖向的伸长）。（3）安藤希望人在行进过程中（即不同时间段）体验不同的空间效果。连廊成为其空间变化的组成部分之一。围墙则成为围合空间和营造气氛的媒介，它成为人工构筑的大自然中的一部分。钟塔和教堂组成了第三类空间和体验，教堂是一个有光的方形空间，主要由侧面的自然光的射入和顶部及侧面的凹槽形成"有形"的光构成；钟塔则成为竖向空间的构成体。

内部空间最值得注意的是引入光线的表达方法。如果与大阪茨木教堂的"光之十字"比对，也许我们可以将六甲山的落地窗戏称为"影之十字"——前者以光线从缝隙中倾泻制造神迹，后者则意欲通过分割投影达到同样的效果。

很显然，"影之十字"从视觉震撼的角度来讲还不够有力——关注了内外空间的渗透，但是缺乏"光之十字"的象征意图，但是从形式上来看可以推断风之教堂的正厅采光的做法是"光之十字"的雏形。从气氛上来说，相对于"影之十字"创造的自然幽静空间，"光之十字"的表达太过强势，通过黑暗的内部空间的压抑作用，使目光不由自主受到光的引导。教堂中各种摆设的比例、材料感觉、功能和结构间题都得到审慎考虑，与空间主体互依互存，造型的简洁同时也提供了空间的张力。

　　风之教堂建立在一个坡面上，所以庭院和入口的设计顾忌了该方面的影响。同时，大师借助坡势达到了丰富空间的效果——长廊的纵深感、连接处出人意料的下降以及圣坛的高高在上，使人在运动时不经意地产生了心情的转换，这一切无不是顺应地形的杰作。（图5-53至图5-57）

图5-53　风之教堂局部空间

图5-55　风之教堂外部空间

图5-54　风之教堂内部空间

图5-56　风之教堂内廊空间

图5-57　风之教堂内部空间

5.3.3　城户崎邸

1. 设计背景

建筑物位于东京一片安静的居住区，是为一对夫妇和他们仍健在的父母而设计。

2. 建筑功能

该建筑由边长为12m的立方体和限定用地的外墙构成，建筑在地块的南边和北边留出室外空间，建筑物采用多单元形式。

3. 设计目标

使家庭成员都具有各自的私密空间，同时也有家庭成员交流的公共空间。

4. 建筑特色

在其他住宅如城户崎邸、中山邸等一系列作品中，也同样渗透着这种设计哲理，即在混凝土墙壁围合成的封闭性的空间中，庭院充当了阳光、雨水、风等要素的代言人，并成为住户日常生活体验的一部分。独立的光线停留在物体的表面，在背景中拖下阴影，随着时间的变幻和季节的文替，光的强度发生着变化，物体的形象也随之改变。"在安藤作品的空间中，因阳光的渗入及随时间的变化，同时又通过空间的连通相互关联，形成了光在空间中的变化、渗透和流动，而建筑也因光、时间形成了一个不断变化的动态的物体，在此之中人们对建筑的体验也随之而变化。（图5-58至图5-61）

图5-58　城户崎邸内部空间

图5-59　城户崎邸内部空间

图5-60　城户崎邸局部空间图

图5-61　城户崎邸局部空间

5.3.4　富岛邸

1. 设计背景

1973年，位于日本大阪，是一个是私人住宅项目，基地位于城市街道的一侧。

2. 建筑功能

有卧室、客厅、厨房、休息平台等居家空间。

3. 设计目标

摒弃城市环境，追求一个宁静符合日本人内心心理需求的住宅空间。

4. 建筑特色

富岛邸的历史变迁，安藤前后进行过四次改造，但对于街道的抵抗态度一直没有改变。在安藤眼里，日本的城市缺乏历史的沉淀，在经济高速发展下不断的大拆大建的城市环境是他所抵触的。

每个住家的设计都是采用自我封闭的结构，在四周筑起高墙，形成一个完全将都市排除在外的空间。面对街道形成一个冰冷简单的外立面的同时，而力求内部功能的完备。由于基本只对天空开口，富岛邸也被称之为"洞窟住宅"。富岛邸现为安藤忠雄建筑研究所办公地点。（图5-62）

图5-62 富岛邸局部空间图

5.4 扎哈·哈迪德

　　哈迪德的设计一向以大胆的造型出名，被称为建筑界的"解构主义大师"，这一光环主要源于她独特的创作方式。她的作品看似平凡，却大胆运用空间和几何结构，反映出都市建筑繁复的特质。2004年度普利兹克建筑奖第一次被授予一位女建筑师。她以"打破传统建筑空间"作为自己的信条，用独特的设计理念和全新的视角切入建筑领域，给予建筑空间不同的解读方式，并彻底推翻了以往建筑已有的固定模式——静态建筑空间的组织方式，作品呈现动态而非静态的建筑空间形态。

　　扎哈·哈迪德向来以善于整合设计过程中所出现的问题并能创造出呈流体形态且无缝融合的整体形象，同时亦能完美地赋予其这样或那样的实用功能的能力而享誉世界，所有的这些创作手法以及随之而来的设计成果都表现出强烈的非理性的特征，并与超现实主义非逻辑性的处理手法相类似。

　　扎哈·哈迪德以其激进的设计创造一系列抽象集合体来向人们传达其建筑与自然连续融为一体的建筑哲学，通过抽象、拼贴、拓扑、糅杂等手法将建筑创造为"人造地景"，融入基地的环境，使场地与环境之间形成新的对话关系。

　　Nordpark悬索铁路站项目位于奥地利阿尔卑斯山区的因斯布鲁克地区，哈迪德以阿尔卑斯山的自然地景为概念，转化为超现实主义色彩的建筑形态插入山区腹地，顺应当地的自然景观和历史文脉。Nordpark悬索铁路站不仅仅有自由洒脱的形态，吸引大众的眼球，并且在内部创造出一系列的连续空间系统，顺应铁路站的功能需求。

　　她认为未来世界里的工业产品，尤其是那些和人类身体直接联系的，包括建筑在内，将会和自然界的有机生命体相当类似。它们将不再是今天这样由刚硬的几何线条、尖锐的角度和不连续的元素来支配，所有的元素将会模糊彼此的界限融合成为一个连续的有机整体，因此主张向自然学习。

哈迪德自20世纪80年代初开始把先进的电脑工具逐步引入工作中，现在可以称之为参数化设计，并随着数码工具的逐渐智能而由单纯的用电脑表达方案而发展为在建筑形态中逐渐呈现数码的建筑思维。尤其是哈迪德近五年的很多作品，如果没有电脑工具，很难想象可以把它们建出来，甚至构思出来。哈迪德在数码时代与时俱进，在电脑工具的挑选与更新上，也逐渐形成其鲜明的个人风格。

在扎哈·哈迪德的建筑中很多都是表现出随机、流动、不规则的非线性的动态建筑，更加注重建筑的复杂性，通过整体控制反映建筑与场所的共生、对话，体现非线性思维的整体设计，在建筑与场地这一等级上看似混沌，却营造出高一等级的简单、归一。

在扎哈·哈迪德的设计中，面与面之间有明确的界限，面呈现多曲率的转换状态，构成面的曲线形成了更多的角度和延展方向。线性体系被非线性体系取代，模糊了面与面之间的分割界限，使之融为一体，墙面是楼面的延续，楼面亦是墙面的拓展。面不作为独立单元存在，各空间系统的界面元素相互依托，共同构成空间的围合，这也顺应了非线性理论中混沌理论整体与部分互为关系的阐述。

5.4.1 奥地利因斯布鲁克的滑雪台

1. 设计背景

项目基地位于奥地利因斯布鲁克州（Innsbruck），奥地利伯吉瑟尔滑雪台（Bergisel Ski Jump，Innsbruck）是为奥地利冬奥会滑雪比赛而设计，于1992年12月建造完成。

2. 建筑功能

奥地利因斯布鲁克的滑雪台长达90m、高近50m，整个建筑由一塔一桥组成，集专业设备场地和公共空间于一体，既有比赛的功能，又兼具旅游观光功能，。滑雪台由半地下的四层建筑为基础，并通过近40m的柱体将咖啡厅和观景平台高高抬起。

3. 设计目标

其充分考虑到建筑的各个要素，并将它们完善地结合起来，在体现其功能、适用性的同时，也兼顾到美观等其他方面的要求，使之不仅仅是一个比赛用的场所而已，更是一个值得世界珍重的艺术品。

4. 建筑特色

从"维特鲁威"的建筑三原则来解读这个具备使用功能与景观功能的建筑，这座建筑本体完全符合"维特鲁威"三原则——"坚固""适用""美观"的要求。

（1）坚固：滑雪台于山顶拔地而起，俯视整个因斯布鲁克城，从山下仰望，只能看见高耸的"柱"与"柱顶"的建筑平台，却无法观看到其建筑底部存在的"底座"。正是这座半地下的建筑"底座"，使得整个建筑结构更加稳固地屹立在伯吉瑟尔。

（2）适用：滑雪台本身就是为奥地利冬奥会滑雪比赛而设计，以替换原本残破的旧滑雪台，这也是它存在的最主要的意义。首先在保证功能的前提下，才能谈到其他类似美观、象征意义等其他建筑外延。建筑的"底座"既是迎宾大厅，也是参与比赛的相关人员的室内活动场所；高高的"立柱"既是支撑挑台的结构，也设计通向挑台的路径；挑台既是观景平台、咖啡厅，同时也兼备运动员比赛出发点。这是一座为功能而建的建筑，其包含的适用性不言而喻。

（3）美观：高高在上的景观挑台、舒展而又符合运动力学的滑行槽，无一不展现这座建筑的结构之美，滑雪台在建成的同时，即成为这座城市的地标性建筑。此外，对于夜景，扎哈·哈迪德也有她独特的见解，通过彩色的LED灯光勾勒出的建筑外轮廓投影到黑色星空，更能彰显这座建筑的夜景之美。（图5-63至图5-66）

图5-63　奥地利因斯布鲁克的滑雪台远景图

图5-64　奥地利因斯布鲁克的滑雪台局部

图5-65　奥地利因斯布鲁克的滑雪台局部图

图5-66　奥地利因斯布鲁克的滑雪台局部图

5.4.2 德国的维特拉（Vitra）消防站

1. 设计背景

消防站就坐落于一条道路的尽端，这条道路从家具博物馆一直延伸到工厂区的另一端。这条主要道路被视作一条线性的景观带。

2. 建筑功能

消防站的功能要求包括能停放5辆消防车的车库和为35名消防员服务的辅助用房，这些辅助用房包括餐厅、训练房、俱乐部兼会议室以及消防员的更衣室和卫生间。

3. 设计目标

它标识出了工厂区的边界，也对周边建筑起着屏障作用。合理地安排建筑空间，建筑造型契合消防站紧张、快速的功能特点。

4. 建筑特色

一系列线性的、有层次的墙体作为空间的界定和建筑的屏障是这个建筑构思的出发点。消防站主体存在于这些墙体之间，这些墙体根据功能需要开洞、起翘或者折断。从正面观察建筑是完全封闭的，仅在垂直于街道的侧面才展示出内部空间。

整个建筑由粗犷的钢筋混凝土浇筑而成，那些会弱化建筑棱角的形体、弱化建筑简练品质的屋顶缘饰和覆层都被取消，锐利的边界被突显出来。同样，无框的大玻璃滑门也穿插车库。室内光线的设计使得这些形体彼此映照，空间互相渗透、穿插，构成一个整体。（图5-67至图5-72）

图5-67 德国的维特拉（Vitra）
消防站透视

图5-68 德国的维特拉（Vitra）
消防站透视图

图5-69 德国的维特拉（Vitra）
消防站局部空间

图5-70 德国的维特拉（Vitra）消防站廊道空间

图5-71 德国的维特拉（Vitra）消防站内部空间

图5-72 德国的维特拉（Vitra）消防站内部空间

5.4.3 法国斯特拉斯堡的电车站

1. 设计背景

项目是城市的北部B电车线路北端总站，主要用于电车的停靠。

2. 建筑功能

建筑的功能为电车站，包括上下电车的功能和电车停靠，兼具休憩的功能，空间为流动性空间。

3. 设计目标

满足相应的功能，综合考虑场所中各种组成要素的融合性。

4. 建筑特色

我们提出的概念是应用重叠空间：将汽车、电车、自行车和行人的运动轨迹融合在一起，形成一个不断变化的，但又有明确界定区别的建筑形式。在停车场，地面标志和灯柱刻画出了"磁场"的效果。（图5-73至图5-76）

图5-73　法国斯特拉斯堡的电车站透视

图5-75　法国斯特拉斯堡的电车站内部空间

图5-74　法国斯特拉斯堡的电车站内部空间

图5-76　法国斯特拉斯堡的电车站鸟瞰图

5.4.4　北京银河SOHO

1. 设计背景

该项目具备商业和办公的双重功能，并且与地铁二号线连通，使东四环北路一带活跃起来，成为人们工作、聚集并享受便捷生活的地带。

2. 建筑功能

位于北京市中心的银河SOHO总面积有330000m²，集办公、零售、娱乐为一体。底部三层临河，具有娱乐功能，之上是办公场所，顶部是可以瞭望宏伟城市的酒吧、餐厅，还有咖啡厅。

3. 设计目标

使用BIM技术和参数化设计方法，进行方案和施工图设计。成为地区的标志性建筑，同时也要符合中国的建筑文化的内涵。

4.建筑特色

不同的功能被天衣无缝地集结在一起，联通银河SOHO建筑本身，成为城市中一个重要地标。设计灵感来自规模宏大的北京，5个连续流动的形体通过桥梁连接在一起，彼此协调，成为一个无死角的流动性组合。内庭传承中国传统庭院气度，创造一个联系的开放空间。在这里，建筑不再是刚性的，而是柔性的、适应性的、流动性的。群体建筑拥有鲜明而强烈的气场，在连贯的群体之中也拥有合理的私密空间。（图5-77至图5-82）

图5-77　北京银河SOHO俯视图

图5-78　北京银河SOHO透视图

图5-79　北京银河SOHO内部空间

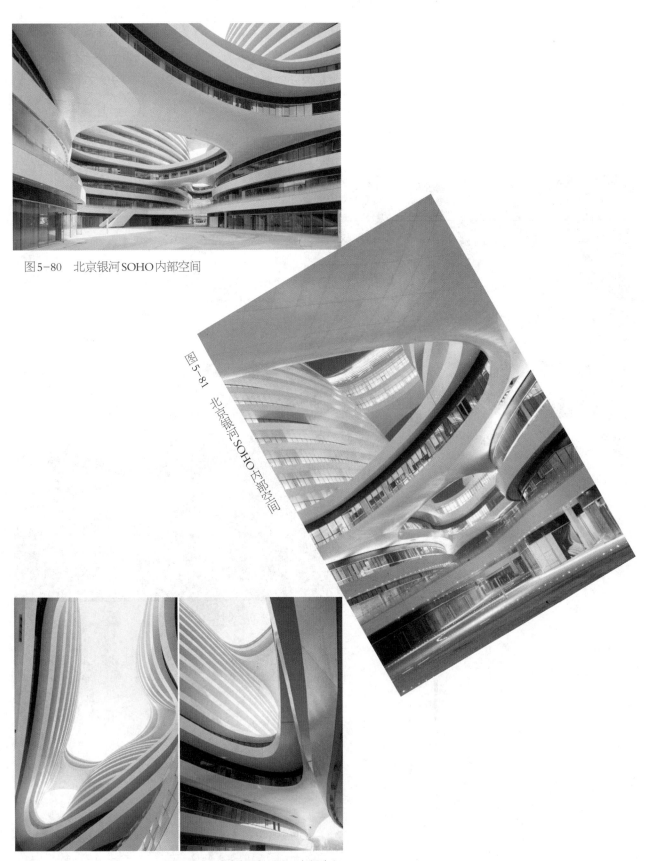

图 5-80　北京银河 SOHO 内部空间

图 5-81　北京银河 SOHO 内部空间

图 5-82　北京银河 SOHO 内部空间

参考文献

[1] 潘谷西.中国建筑史 [M].北京：中国建筑工业出版社，2015.

[2] 陈志华.外国建筑史 [M].北京：中国建筑工业出版社，2010.

[3] 王受之.世界现代建筑史 [M].北京：中国建筑工业出版社，2012.

[4] 鲍家声.建筑设计教程 [M].北京：中国建筑工业出版社，2009.

[5] 傅祎，黄源.建筑的开始：小型建筑设计课程（第二版）[M].北京：中国建筑工业出版社，2011.

[6] 翟睿.重建生存空间：现代与后现代建筑 [M].广州：岭南美术出版社，2003.

[7] 杨德磊，李振霞，傅鹏斌.建筑施工组织设计 [M].北京：北京理工大学出版社，2014.

[8] 陈鹏志.建筑施工手册（1-4册）[M].长春：吉林科学技术出版社，2000.

[9] 李广述.园林法规 [M].北京：中国林业出版社，2003.

[10] 柳肃.古建筑设计理论与方法 [M].北京：中国建筑工业出版社，2011.

[11] 田永复.中国古建筑知识手册 [M].北京：中国建筑工业出版社，2013.

[12] 周维权.中国古典园林史 [M].北京：清华大学出版社，1990.

[13] 张薇，郑志东，郑翔南.明代宫廷园林史 [M].北京：故宫出版社，2015.

[14] 宗敏.绿色建筑设计原理 [M].北京：中国建筑工业出版社，2010.

[15] 蔡文明，武静.园林植物与植物造景 [M].南京：江苏凤凰美术出版社，2014.

[16] 蔡文明，杨宇.环境景观快题设计 [M].南京：南京大学出版社，2013.

[17] 维克多·帕帕奈克.绿色律令：设计与建筑中的生态学和伦理学 [M].许平，周博，赵炎，译.北京：中信出版社，2013.

[18] 宫宇地一彦.建筑设计的构思方法：拓展设计思路 [M].马俊，里妍，译.北京：中国建筑工业出版社，2006.

[19] 卢斯·斯拉维德.微建筑 [M].吕玉婵，译.北京：金城出版社，2012.

[20] 弗莱德里克.建筑师成长记录 [M].张育南，陈虹微，译.北京：机械工业出版社，2009.

[21] 罗杰·特兰西克.寻找失落的空间：城市设计的理论 [M].朱子瑜，张播，鹿勤，陈燕秋，曹焕婷，赵瑾，译.北京：中国建筑工业出版社，2008.

图书在版编目（CIP）数据

小型建筑设计/蔡文明等主编.—合肥：合肥工业大学出版社，2016.11（2025.1重印）
ISBN 978-7-5650-3106-9

Ⅰ.①小…　Ⅱ.①蔡…　Ⅲ.①建筑设计　Ⅳ.①TU2

中国版本图书馆CIP数据核字（2016）第291655号

小 型 建 筑 设 计

蔡文明　刘　雪　主编　　　　　责任编辑　袁　媛

出　版	合肥工业大学出版社	版　次	2016年11月第1版
地　址	合肥市屯溪路193号	印　次	2025年1月第4次印刷
邮　编	230009	开　本	889毫米×1194毫米　1/16
电　话	基础与职业教育出版中心：0551-62903120	印　张	7.75
	营销与储运管理中心：0551-62903198	字　数	230千字
网　址	press.hfut.edu.cn	印　刷	安徽联众印刷有限公司
E-mail	hfutpress@163.com	发　行	全国新华书店

ISBN　978-7-5650-3106-9　　　　　　　　　定价：48.00元

如果有影响阅读的印装质量问题，请与出版社营销与储运管理中心联系调换。